无人机艺术摄影

主　编　吴献文　林雄波　郭朝明
副主编　孟玉倩　黄炯荣　张宇辰　周　宇
参　编　冯臻佳　刘楚泽　丘均耀　宋泽琳
　　　　陈秋惠　张　宁

WUHAN UNIVERSITY PRESS
武汉大学出版社

图书在版编目(CIP)数据

无人机艺术摄影/吴献文,林雄波,郭朝明主编.—武汉:武汉大学出版社,2024.6

ISBN 978-7-307-24419-1

Ⅰ.无…　Ⅱ.①吴…　②林…　③郭…　Ⅲ.无人驾驶飞机—航空摄影—高等学校—教材　Ⅳ.TB869

中国国家版本馆 CIP 数据核字(2024)第 110115 号

责任编辑:史永霞　　　责任校对:汪欣怡　　　版式设计:马　佳

出版发行:**武汉大学出版社**　　(430072　武昌　珞珈山)

(电子邮箱:cbs22@whu.edu.cn 网址:www.wdp.com.cn)

印刷:武汉中科兴业印务有限公司

开本:787×1092　1/16　印张:18.5　字数:353 千字

版次:2024 年 6 月第 1 版　　2024 年 6 月第 1 次印刷

ISBN 978-7-307-24419-1　　定价:49.00 元

近年来，随着遥感、飞控、云台、计算式视觉、图像传输等相关技术的快速发展，航拍无人机的价格日益亲民，航拍无人机的发展进入了快车道，已应用于各行各业。

越来越多的航拍爱好者、影视工作者把目光投向了这一新兴的领域。操作无人机航拍并不容易，需要学习大量的航拍知识和不断地进行飞行实践。

无人机是没有飞行员驾驶的飞机或直升机。无人机用途极其广泛，可以用传感器代替人类的五感，依据操作者的意愿自由翱翔，目前其应用已经渗透到公共秩序、媒体、农业、工业、运输等众多领域，以其操作简单、价格亲民的优势备受青睐。

本书带领读者从认识无人机、学习飞行安全及法律法规开始，逐步掌握无人机的飞行操控技巧，使用无人机拍摄照片、视频的方法，最后还学习了照片、视频后期处理的方法(为了帮助大家观看图片处理效果，项目8和项目9中部分图片的四色效果以二维码形式呈现，大家可以扫码观看)。

本书由吴献文、林雄波、郭朝明担任主编，孟玉倩、黄炯荣、张宇辰、周宇担任副主编，冯臻佳、刘楚泽、丘均耀、宋泽琳、陈秋惠、张宁参与编写。全书共9个项目，其中，项目1、项目2由广东工贸职业技术学院吴献文编写，项目3由广东工贸职业技术学院黄炯荣、周宇编写，项目4由广东工贸职业技术学院孟玉倩、冯臻佳、刘楚泽编写，项目5由广东工贸职业技术学院丘均耀、郭朝明编写，项目6由广东工贸职业技术学院林雄波编写，项目7由珠海市理工职业技术学校宋泽琳、广东工贸职业技术学院郭朝明编写，项目8由广东工贸职业技术学院黄炯荣、台山市敬修职业技术学校陈秋惠编写，项目9由广东工贸职业技术学院林雄波、张宇辰、周宇编写。全书由吴献文统稿。

编者在编写过程中参考了大量文献资料，在此向相关作者表示衷心的感谢。由于编者水平有限，加之时间仓促，书中不足之处在所难免，恳请广大读者批评指正。

编　者

2024 年 5 月

CONTENTS 目 录

项目 1
认识无人机

项目描述 ▶

我们每次看到用无人机拍摄出来的精美照片和视频时，常常被其独特的拍摄视角所吸引。

在飞行无人机之前，我们首先需要掌握无人机的基础知识，如无人机的发展现状、分类、系统结构等，这样可以帮助我们更好地了解无人机，更安全地操控无人机在空中飞行与拍摄。

知识目标 ▶

1. 了解无人机及无人机摄影的发展历程。

2. 了解无人机的分类方法。

3. 掌握无人机的系统结构。

4. 认识主流摄影无人机。

能力目标 ▶

1. 能根据需求挑选所需的摄影无人机。

2. 能对市场常见的无人机进行分类。

3. 能根据无人机实物指出其结构。

素质目标 ▶

1. 具有质量意识、环保意识、信息素养、工匠精神、创新思维。

2. 热爱航拍事业，践行"忠诚担当的政治品格，严谨科学的专业精神，团结协作的工作作风，敬业奉献的职业操守"当代民航精神。

任务 1.1 无人机的发展现状

近年来，无人机飞速发展，越来越多的摄影艺术爱好者开始使用无人机进行照片或视频的拍摄。下面我们先了解无人机的发展现状。

🔲 知识准备

1.1.1 无人机的概念

远程驾驶航空器是利用无线电遥控设备和自备的程序控制装置操纵的不载人飞行器，或者由车载计算机完全地或间歇地自主地操作，又称飞行器远程操控系统，简称"无人机"。

现在，很多摄影爱好者喜欢用无人机来拍摄，这样可以从不同的视角来展示作品的魅力，带领观者欣赏到更美的风景。无人机市场越来越成熟，现在的无人机体积越来越小巧，有些无人机只需要一只手就能轻松拿下，出门携带也方便，如大疆御 2 系列无人机，如图 1-1-1 所示。

图 1-1-1　大疆御 2 系列无人机

1.1.2 无人机的发展历程

1. 军用无人机的发展现状和发展趋势

1) 发展现状

对无人机的研究和使用，最早出现在美国。1909 年，世界上第一架无人机在美国试飞。后来，英、德两国也开始进行无人机相关技术的研发，并且在 1917 年先后取得成功。自无人机问世以来，其在军事领域的应用更为广泛。20 世纪 60 年代，美国已经开始将无人机应用到军事领域，进行军事侦察、空中打击和目标摧毁。20 世纪 80 年代，以色列使用 BQM-74C 无人机模拟作战机群，掩护战斗机超低空突防，摧毁了埃及沿苏伊士运河部署的地空导弹基地。20 世纪 90 年代，以色列利用"猛犬"无人机摧毁了黎巴嫩一些重要的导弹基地。在 20 世纪末，很多的国家已经研制出新型的军用无人机，用于战场情报侦察、低空侦察和掩护、战场天气预报、战况评估、电子干扰和对抗、目标定位摧毁等，在一定程度上改变了军事战争和军事调动的原始形式。

2）发展趋势

现代的战争不再是常规武器之间的较量，而是科学技术之间的比拼。军用无人机在军事领域使用的范围也在不断拓展，很多高危险、高强度的有人机任务正在被无人机所取代，并且对于以往军事领域有人机未曾涉入的任务，无人机也开始进行尝试工作。现如今，军用无人机的用途更为广泛，其在侦察、评估、打击、攻击、掩护、支援和救护等行动中的作用愈加突出，实用价值节节攀升。未来军用无人机的发展方向和趋势主要有以下几个方面：

(1) 微型化无人机。无人机在军事领域的使用愈加广泛，由于其体积小、成本低，未来的战场需要更多的这种无人机，以满足军事作战的需要，这就要求无人机的研制要突出微型化的设计，在降低成本的同时优化功能，完成既定的作战任务和作战计划。

(2) 高空、高速无人机。无人机的发展需要新型的高空、长航动力装置，如液(气)冷式涡轮增压活塞发动机、涡轮风扇发动机、转子发动机等，以实现无人机在高危险、高强度的条件下工作，能完成高空、高速作业。

(3) 隐形无人机。对于现有的无人机，部分具有隐形功能，但是效果不佳。为了实现无人机的高隐蔽性，很多国家正在攻克这个难题。高隐蔽材料的研制、防噪声控制技术的研发都在按部就班地开展着，这也是提高无人机的作战效能和战场生存能力的必要条件。

(4) 攻击型无人机。未来的无人机还需要强有力的攻击性，这种攻击是全方位的，包括地面打击、空中袭击、空中对抗、导弹拦截、目标锁定攻击等。

2. 民用无人机的发展现状和发展趋势

1）发展现状

自 21 世纪初以来，世界各国在继续加大军用无人机投入的同时，也采取各种手段促进无人机向民用领域发展。美国国家航空航天局在 2002 年成立了一个无人机应用中心，致力于无人机的民用研究。以色列组建民用无人机及其工作模式的实验委员会，加强对民用无人机的管理和支持。欧洲在 2006 年制定并立刻多方集资付诸实施"民用无人机发展线路图"，以加快无人机的民用化步伐。此外，韩国、日本、印度、澳大利亚和新加坡等国也加快无人机民用化步伐。

1958 年 8 月 3 日，我国西北工业大学研制出了中国第一套无人机系统，并在西安窑村机场试飞成功，开创了我国无人机事业的先河。20 世纪 60 年代，西北工业大学研制出了"D-4 民用无人机系统"，用于航空摄影、物理探矿、灾情监视等。2006 年，汪滔创办深圳市大疆创新科技有限公司(以下简称大疆)，专注于消费级无人机。此后，零度智控(北京)智能科技股份有限公司(以下简称零度智控)、广州极飞科技股份有限公司(以下简称极飞科技)、广州亿航智能技术有限公司(以下简称亿航科技)等纷纷成立，我国民用无人机市场开始迅速发展。2013 年以后，我国无人机市场再添新成员，山东矿机集团股份有限公司、广东伊立浦电器股份有限公司、江苏金通灵流体机械科技股份有限公司(以下简称金通灵)、重庆宗申动力机械股份有限公司(以下简称宗申动力)等大型企业纷纷采用各种方式涉足民用无人机行业；大疆科技、零度智控等公司也纷纷加快发展步伐，以更好地适应市场的需求。

2)发展趋势

(1)智能化。无人机在发展过程中面临劳动力成本上升、无人机资格审查更严的问题。要想进一步发展，提高民用无人机的智能化水平是重要途径之一，以便更好地满足市场需求，减少无人机驾驶员的使用数量，从而降低操作人员的费用，增加企业利润。此外，近些年人工智能技术的发展，为无人机的智能化奠定了技术基础。提高无人机的自动识别目标、规避特定目标的能力，能够更好地发挥无人机的优势，深化无人机在民用领域的应用，符合市场发展趋势。

(2)产业化。随着民用无人机市场的发展，消费者的需求更加多样化。单个企业满足消费者多变的需求是非常困难的，并且企业的研发能力有限，完全由自己进行整机生产在未来是很难实现的。这就需要无人机行业进行产业化发展，逐步实现全产业链的资源整合，优势互补。行业内部会逐步出现在材料研发、系统研发、外形设计、零件生产、销售等各个环节占有优势的企业，这种发展趋势在我国更为明显。

(3)品牌化。品牌是一个企业的无形资产，民用无人机行业中的企业应该注重品牌建设。从行业发展的生命周期来看，民用无人机行业正处于发展期。随着无人机技术的成熟，该行业所提供的产品在行业成熟期会出现产品同质化的现象。这时产品的功能基本相似，企业要想占据较大的市场份额，实现高回报，品牌建设是其途径之一。

任务实施

大疆是目前世界范围内航拍平台的领先者，先后研发了不同的无人机系列，如大疆精灵系列（Phantom）、悟系列（Inspire）以及御系列（Mavic），都是航拍爱好者十分青睐的产品。

我们对大疆的无人机系列很感兴趣，请查阅资料来了解大疆无人机的发展现状。

(1)发展历程：_____

_____

_____

(2)产品系列：_____

_____

_____

(3)畅销产品：_____

_____

_____

(4)说出一款你喜欢的无人机，并说说它的优势和不足。

_____

_____

_____

任务评价

根据任务实施情况进行评价，填写任务评价表。

任务评价表

班级		组名		姓名	
出勤情况					

评价内容	评价要点	考查要点	分数	分数评定
查阅文献情况	任务实施过程中文献查阅	已经查阅信息资料	20分	
		正确运用信息资料		
互动交流情况	组内交流，教学互动	积极参与交流	30分	
		主动接受教师指导		
任务完成情况	任务准备情况	掌握无人机的基本知识	10分	
		能够对无人机行业有初步认识	10分	
	任务完成情况	正确检索需要的资料	15分	
		正确评价各系列无人机	15分	
合计			100分	

📝 练习与提升

1. 说一说你对军用无人机的认识。
2. 简要叙述民用无人机的发展趋势。

任务 1.2　无人机的分类

近年来，国内外无人机相关技术快速发展，形成了种类繁多、用途广泛的无人机系列。因此，要购买合适的无人机需要了解无人机的分类。

🗂 知识准备

1.2.1　按用途分类

根据用途的不同，无人机可以分为军用无人机和民用无人机。

军用无人机可分为侦察无人机、诱饵无人机、电子对抗无人机、通信中继无人机、无人战斗机以及靶机等。军用无人机模型如图1-2-1所示。

民用无人机可分为巡查/监视无人机、农用无人机、气象无人机、勘探无人机以及测绘无人机等。民用无人机模型如图1-2-2所示。

图 1-2-1　军用无人机模型

图 1-2-2　民用无人机模型

1.2.2　按飞行平台构型分类

　　按照飞行平台构型的不同，无人机可分为固定翼无人机、旋翼无人机、无人飞艇、伞翼无人机和扑翼无人机等。其中固定翼无人机和旋翼无人机的应用比较广泛。旋翼无人机可分为单旋翼无人机（即无人直升机，如图 1-2-3 所示）和多旋翼无人机（图 1-2-4）。

图 1-2-3　无人直升机

多旋翼无人机是一种具有 3 个及以上旋翼轴的特殊无人驾驶旋翼飞行器。

图 1-2-4　多旋翼无人机

1.2.3　按活动半径分类

按照活动半径的不同，无人机可分为超近程无人机、近程无人机、短程无人机、中程无人机和远程无人机。

超近程无人机的活动半径小于或等于 15km，近程无人机的活动半径为 1~50km，短程无人机的活动半径为 50~200km，中程无人机的活动半径为 200~800km，远程无人机的活动半径大于 800km。

1.2.4　按规格分类

按照规格不同，无人机可分为微型、轻型、小型以及大型无人机。

微型无人机是指空机质量小于或等于 7kg 的无人机。轻型无人机是指空机质量大于 7kg，但小于或等于 116kg 的无人机。小型无人机是指空机质量大于 116kg，但小于或等于 5700kg 的无人机。大型无人机是指空机质量大于 5700kg 的无人机。

1.2.5　按任务高度分类

按照任务高度的不同，可将无人机分为超低空无人机、低空无人机、中空无人机、高空无人机和超高空无人机。

超低空无人机的任务高度一般为 0~100m，低空无人机的任务高度一般为 100~1000m，中空无人机的任务高度一般为 1000~7000m，高空无人机的任务高度一般为 7000~18000m，超高空无人机的任务高度一般大于 18000m。

1.2.6　按飞行速度分类

按照飞行速度的不同，可将无人机分为亚声速无人机、超声速无人机和高超声速无人机。

1.2.7　按使用次数分类

按照使用次数的不同，可将无人机分为单次使用无人机和多次使用无人机。

单次使用无人机发射后不回收，也不需要在机上安装回收系统。多次使用无人机是指需要重复使用，并且要求回收的无人机。

📝 任务实施

通过学习可以了解到无人机的分类方式多种多样，请根据所学知识判断下面无人机所属的类型并说明分类依据。

▦ 任务评价

根据任务实施情况进行评价，填写任务评价表。

任务评价表

班级		组名		姓名	
出勤情况					
评价内容	评价要点	考查要点		分数	分数评定
查阅文献情况	任务实施过程中文献查阅	已经查阅信息资料		20 分	
		正确运用信息资料			
互动交流情况	组内交流，教学互动	积极参与交流		30 分	
		主动接受教师指导			

续表

评价内容	评价要点	考查要点	分数	分数评定
任务完成情况	任务准备情况	掌握无人机的分类	10 分	
		能够对无人机的分类方式有初步认识	10 分	
	任务完成情况	正确检索需要的资料	15 分	
		正确区分各种类型的无人机	15 分	
合计			100 分	

练习与提升

1. 请思考同一款无人机是否可以既是轻型无人机又是民用无人机。
2. 说一说无人机的分类方法。
3. 以飞行平台构型为标准，选一款无人机进行资料查阅，分析这款无人机的特点。

任务 1.3 无人机系统结构

在充分认识了无人机的分类后，接下来继续学习无人机系统结构，为购买合适的无人机做准备。

知识准备

1.3.1 无人机系统概述

无人机系统主要包括飞机机体、飞控系统、数据链系统、发射回收系统、电源系统等。其中，飞控系统又称为飞行管理与控制系统，相当于无人机系统的"心脏"部分，对无人机的稳定性、数据传输的可靠性、精度、实时性等都有重要影响，对其飞行性能起决定性的作用。

发射回收系统可保证无人机顺利升空以达到安全的高度和速度飞行，并在执行完任务后从天空安全回落到地面。

1.3.2 无人机系统结构认识

下面以四旋翼航拍无人机为例介绍无人机系统结构。四旋翼航拍无人机系统可分为飞行器机架、飞行控制系统、动力系统、通信系统、电气系统和辅助设备系统等部分，如图 1-3-1 所示。

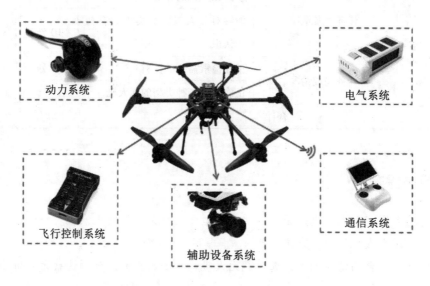

图 1-3-1 四旋翼航拍无人机系统结构

1. 飞行器机架

飞行器机架的大小，取决于桨翼的尺寸及电动机的体积。桨翼越长，电动机越大，机架大小便会随之而增大。机架一般采用轻物料制造，以减轻无人机的负载量。飞行器机架如图 1-3-2 所示。

图 1-3-2 飞行器机架

2. 飞行控制系统

飞行控制系统(flight control system)简称飞控,一般会内置控制器、陀螺仪、加速度计和气压计等传感器,无人机便是依靠这些传感器来稳定机体的,再配合 GPS 及气压计数据,便可把无人机锁定在指定的位置及高度。飞行控制系统如图 1-3-3 所示。

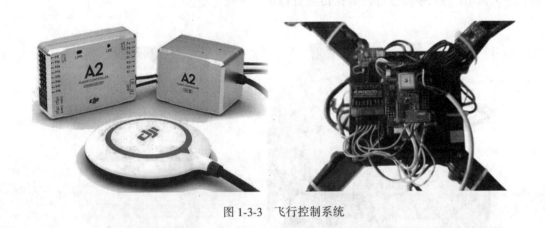

图 1-3-3 飞行控制系统

3. 动力系统

无人机的动力系统主要由桨翼和马达组成,如图 1-3-4 所示。桨翼旋转时,便可以产生反作用力来带动机体飞行。系统内设有电调控制器(electronic speed control),用于调节马达的转速。

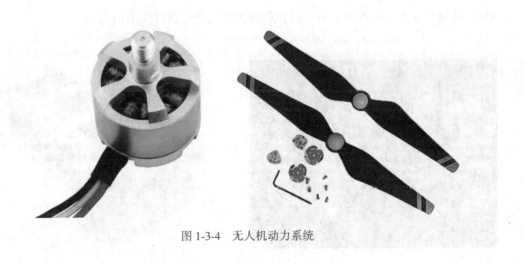

图 1-3-4 无人机动力系统

4. 通信系统

通信系统(图1-3-5)提供遥控与飞机之间的数据链路(上行和下行)，主要功能是用于无人机系统数据传输、载荷通信的无线电链路。无人机常用的通信频段有1.4GHz、2.4GHz、5.8GHz等，其中1.4GHz主要作为数据通信频段，2.4GHz主要作为图像传输频段，5.8GHz的频率信号进行数据传输更稳定、干扰更小。

图1-3-5　通信系统

5. 电气系统

无人机电气系统(图1-3-6)可分为机载电气系统和地面供电系统两部分。机载电气系统主要由主电源、应急电源、电气设备的控制与保护装置及辅助设备组成。地面供电系统的功能是向无人机各用电系统或设备提供满足预定设计要求的电能。

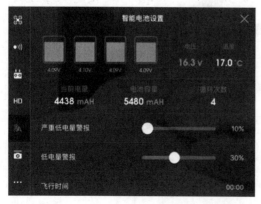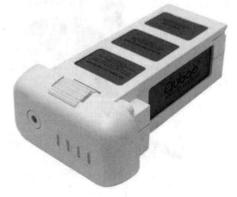

图1-3-6　无人机电气系统

6. 辅助设备系统

辅助设备系统(图 1-3-7)主要包括无人机外挂平台(简称云台)、外挂轻型相机、无线图像传输系统。云台是摄像中常用的固定摄像机的支撑设备,分为固定云台和电动云台两种。电动云台除了支持相机进行水平和垂直两个方向的转动,还能满足三个活动自由度:绕 X、Y、Z 轴旋转。

图 1-3-7　辅助设备系统

📝 任务实施

(1)请根据所学知识将下图补充完整。

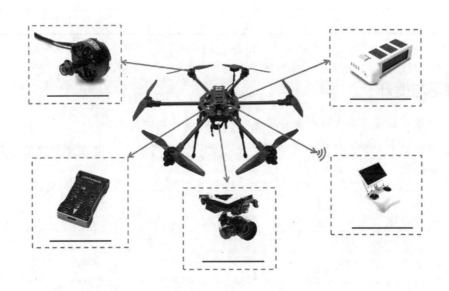

（2）寻找无人直升机模型，分析其结构并简要叙述。

🗒 任务评价

根据任务实施情况进行评价，填写任务评价表。

任务评价表

班级		组名		姓名	
出勤情况					
评价内容	评价要点	考查要点		分数	分数评定
查阅文献情况	任务实施过程中文献查阅	已经查阅信息资料		20分	
		正确运用信息资料			
互动交流情况	组内交流，教学互动	积极参与交流		30分	
		主动接受教师指导			
任务完成情况	任务准备情况	掌握无人机系统的组成		10分	
		能够对多旋翼无人机的组成部分有充分的认识		10分	
	任务完成情况	正确检索需要的资料		15分	
		正确区分各种类型无人机的系统结构		15分	
合计				100分	

📝 练习与提升

1. 请思考单旋翼无人机和多旋翼无人机的系统结构有何异同。

2. 四旋翼无人机是航拍中最常见的机型之一，请同学们画出四旋翼航拍无人机的结构组成图。

任务 1.4 无人机摄影的发展历程

无人机摄影作为现代化的摄影手段，能够以人们一般难以达到的高度俯视事物的全貌，以彻底解放的视角，给受众传达一种宏观形象，带来焕然一新的视觉享受。近年来，随着电视、飞行技术的发展，无人机摄影在电影、电视纪录片的制作中得到了广泛应用。今天让我们走近无人机摄影，了解它的发展历程。

知识准备

无人机与航拍摄影的发展历程可以追溯到 20 世纪初，当时早期的飞行器开始出现。然而，真正推动该技术的发展是在 20 年代初微型电子学和计算机处理能力的大幅提升，以及新型材料的广泛使用。

2006 年，美国国家航空航天局(NASA)发射了第一架便携式无人机，用于对火山烟尘和荒漠沙尘暴进行监测。接下来的几年里，军事无人机开始进入市场，并用于情报收集和战斗操作中。

2010 年，随着商用无人机的出现，航拍摄影产业开始蓬勃发展。这些无人机拥有更小、更轻、更灵活以及更安全的特性，这些特性使得它们能够在建筑、农业、采矿等领域得到广泛应用。

2013 年，由中国公司大疆科技(DJI)推出的 Phantom 系列无人机成为行业标准，并迅速成为用户拍摄照片和视频的首选工具。此后，无人机技术不断创新改进，比如增加自动避让功能、更高分辨率的相机、更高飞行高度等。

但是，无人机和航拍摄影技术也带来了一些问题。由于其灵活性导致监管困难，因此出现了一些安全事件，比如干扰机场运营、侵犯他人隐私等。为此，许多政府和机构开始制定规范，以确保这些技术被安全地应用，并避免不良后果的产生。

总体来说，无人机和航拍摄影技术在过去的几十年里得到了迅速发展，创造了广泛的商业和人文价值。然而，该技术在未来仍需要面对监管、隐私和安全等问题，以确保其可持续发展并为社会带来更大的好处。

任务实施

(1)请根据所学知识想一想无人机摄影的发展趋势是什么。

_____

（2）作为航拍爱好者，你最看重无人机的哪些性能？

_____

_____

任务评价

根据任务实施情况进行评价，填写任务评价表。

任务评价表

班级		组名		姓名	
出勤情况					
评价内容	评价要点	考查要点		分数	分数评定
查阅文献情况	任务实施过程中文献查阅	已经查阅信息资料		20分	
		正确运用信息资料			
互动交流情况	组内交流，教学互动	积极参与交流		30分	
		主动接受教师指导			
任务完成情况	任务准备情况	掌握无人机摄影的发展历程		10分	
		能够充分认识无人机摄影的未来趋势		10分	
	任务完成情况	正确检索需要的资料		15分	
		正确认识无人机摄影的发展历程		15分	
合计				100分	

练习与提升

1. 2019 年 4 月 15 日下午 6 点 50 分左右，法国巴黎圣母院发生火灾，整座建筑损毁严重。举世闻名的两座钟楼最后得以保住。在这次抢救文化遗产的救火行动中，巴黎消防员使用大疆（DJI）的无人机来实时监测圣母院火灾的最新进展，通过空中巡逻寻找到架设消防水带的最佳位置，迅速、全面地掌握了火灾的数据和最新动向。

请思考：这是什么方面的无人机航拍应用？与常规应用相比，无人机以后的应用又会向哪些方面发展呢？

2. 结合我们可能从事的专业，谈谈无人机航拍将会有哪些令人激动的发展趋势。

任务 1.5　主流摄影无人机

在充分掌握了无人机及无人机摄影的基础知识后，我们开始收集市场上主流摄影无人机的资料。

知识准备

下面对大疆系列无人机的热门机型进行简单介绍，以便帮助大家更好地选购无人机。

1. 御系列 Mavic Air 2

如图 1-5-1 所示，Mavic Air 2 的机身重 570g，搭载了 1/2 英寸 CMOS 传感器，可拍摄 4800 万像素照片、4K/60fps 视频及 8K 移动延时视频，电池的续航时间长达 30 分钟左右。这款无人机性价比很高。

图 1-5-1　御系列 Mavic Air 2

2. 御系列 Mavic 2 Pro

如图 1-5-2 所示，Mavic 2 Pro 有全方位的避障系统，让普通的摄影玩家也可以无所畏惧地遨游天空。拥有 2000 万像素航拍照片，能够拍摄 4K 分辨率的视频，并配备地标领航系统，具有强大的续航能力，最长的飞行时间可达 30 分钟左右。

图 1-5-2　御系列 Mavic 2 Pro

3. 御系列 Mavic Mini 2

如图 1-5-3 所示，Mavic Mini 2 机身重量轻于 249g，像御 Mavic 2 Pro 一样可以折叠，桨叶被保护罩完全包围，飞行时特别安全，1200 万像素能航拍出高清的照片，还可以拍摄 4K 高清视频，内置了多种航拍手法与技术，轻松一按就能拍出美美的大片。

图 1-5-3　御系列 Mavic Mini 2

4. 精灵系列 Phantom

大疆的精灵系列（Phantom）是一款便携式的四旋翼飞行器，引发了航拍领域的重大变革，如图 1-5-4 所示。大疆推出的第一款无人机就是精灵，从一代开始，发展到现在的四代 Pro，原先入门级机型变成了准专业机型。虽然脚架不可折叠，但也是目前这款机器的优势，在恶劣环境下脚架可以作为起飞降落的手持工具，非常方便。另外，同为 1 英寸感光元件，精灵 4P 的夜景视频能力超过了同等价位的 Mavic 2 Pro。

图 1-5-4　精灵系列

5. 悟系列 Inspire

如图 1-5-5 所示，大疆悟系列具有全新的前置立体视觉传感器，它可以感知前方最远 30m 的障碍物，具有自动避障功能，机体装有 FPV 摄像头，内置全新图像处理系统 CineCore 2.0，支持各种视频压缩格式，其动力系统也进行了全面升级，上升最大速度为 6m/s，下降最大速度为 9m/s。如果是拍电影或者商业视频，这款无人机拥有 DNG 序列和 ProRes 视频拍摄能力，是较好的选择。

图 1-5-5　悟系列

✎ 任务实施

(1)目前主流摄影无人机除了大疆的产品外还有哪些？它们的性能如何？

_____

_____

_____

(2)航拍新手如何选择无人机？

_____

_____

_____

⊟ 任务评价

根据任务实施情况进行评价，填写任务评价表。

任务评价表

班级		组名		姓名	
出勤情况					
评价内容	评价要点	考查要点		分数	分数评定
查阅文献情况	任务实施过程中文献查阅	已经查阅信息资料		20分	
		正确运用信息资料			
互动交流情况	组内交流，教学互动	积极参与交流		30分	
		主动接受教师指导			
任务完成情况	任务准备情况	掌握常用的摄影无人机的类型		10分	
		能够充分认识无人机在摄影中的重要作用		10分	
	任务完成情况	正确检索需要的资料		15分	
		正确认识主流摄影无人机的性能		15分	
合计				100分	

📝 练习与提升

1. 大疆是目前世界范围内航拍平台的领先者，请选择一款你喜欢的摄影无人机说明它的特点及适用场合。

2. 大疆的悟系列无人机具有哪些特点？

3. 结合无人机摄影的发展趋势，分析主流摄影无人机的未来趋势。

任务 1.6　无人机职业体系发展与技能认证

要进行无人机摄影，除了需要对无人机有基本的认识外，还要了解其职业体系发展与技能认证标准。下面我们就来学习相关知识。

📋 知识准备

1.6.1　无人机行业发展现状

在相关政策的推动下，我国无人机产业快速发展。无人机以操作简单、智能高效而被应用于各行各业，如休闲娱乐、各类行业应用、体育竞技等。随着研发科技的成熟，民用无人机已广泛应用于电力巡线、石油管道巡检、环境监测、地质勘测、地理测绘、农业植保、人工降雨、航空遥感、安全巡逻、医疗救护、海洋遥感、影视拍摄、快递运输等各行各业。"无人机+行业应用"已成为无人机产业发展的刚需。

中国工程院、科学技术部、工业和信息化部等有关部门将无人机系统发展列为"中国制造 2025"的重点，开展战略研究和重点部署，提出发展规划和指导意见，着力整合社会资源，推动我国无人机系统及相关产业健康有序发展。无人机系统的研制与应用已成为我国经济创新发展的新亮点和增长点，我国无人机系统正逐步走上国际舞台，将会成为"中国制造"的一张名片。工业和信息化部在《关于促进和规范民用无人机制造业发展的指导意见》中提出要求，到 2025 年民用无人机产值达到 1800 亿元，年均增速 25%以上。无人机涉及行业分布如图 1-6-1 所示。

我国无人机行业发展大事记

(1)全国开通第一条大型货运无人机常态化专用航线。

(2)"翼龙"-1E 无人机首飞成功。

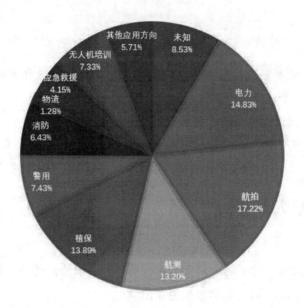

图 1-6-1　无人机涉及行业分布

（3）2022年1月，农业农村部、国家发展和改革委员会、科学技术部、工业和信息化部、生态环境部、国家市场监督管理总局、国家粮食和物资储备局、国家林业和草原局联合印发的《"十四五"全国农药产业发展规划》指出：开发航空植保配套机制，植保无人机为高效施药器械重点。

（4）2022年2月，民航局（全称中国民用航空局）印发的《"十四五"航空物流发展专项规划》指出：支持无人机物流探索，创新无人驾驶航空领域管理模式。

（5）2022年3月，民航局正式发布《城市场景物流电动多旋翼无人驾驶航空器（轻小型）系统技术要求》。

（6）2022年4月，安徽省农业农村厅、安徽省财政厅联合印发了《关于继续开展植保无人驾驶航空器规范应用试点工作的通知》。

（7）2022年6月，民航局印发《"十四五"通用航空发展专项规划》，无人机应用为重点领域之一。

（8）2022年6月，腾盾无人机助力四川省通信管理局完成大型无人机全网通应急通信技术验证飞行。

（9）2022年7月，民航局公布《民用无人驾驶航空器空中交通管理信息服务系统数据接口规范》。

（10）2022年7月，国产无人机完成高海拔、无信号地区全网应急通信"实战"测试。

（11）2022 年 7 月，我国舰载无人直升机试飞成功。

（12）2022 年 8 月，我国主导的第二项无人机领域国际标准正式发布。

（13）2022 年 8 月，科学技术部等六部门发文：重点探索无人机植保、自主巡检、无人配送等智能场景。

（14）2022 年 8 月，我国第二批民用无人驾驶航空试验区正式授牌。

（15）2022 年 9 月，民航局发布《民用轻小型无人驾驶航空器物流配送试运行审定指南》。

（16）2022 年 9 月，行业首个民用无人驾驶航空器自动驾驶等级规范《民用无人驾驶航空器系统分布式操作运行等级划分》正式发布。

（17）2022 年 10 月，交通运输部正式发布《无人机物流配送运行要求》行业标准。

（18）2022 年 11 月，工业和信息化部就《民用无人驾驶航空器产品安全要求》强制性国家标准(报批稿)征求意见。

（19）2022 年 11 月，中国民航局为天域航通鸿雁(HY100)大型无人机系统颁发型号合格证。

（20）2022 年 12 月，国务院办公厅印发《"十四五"现代物流发展规划》，要求促进无人化物流技术装备应用，稳步发展无人配送新业态。

1.6.2　无人机执照训练管理体系

下面主要介绍民用无人机的执照训练管理体系。民用无人机驾驶员执照是由中国民用航空局颁发的电子执照，是无人机行业目前最具权威性的证照，执照分为视距内驾驶员、超视距驾驶员和教员三个等级。

根据无人机种类，无人机驾驶员执照还细分为：多旋翼超视距驾驶员、多旋翼视距内驾驶员和多旋翼教员证；固定翼超视距驾驶员、固定翼视距内驾驶员和固定翼教员证；直升机、垂直起降固定翼、飞艇驾驶员等。

无人机申请执照要求包括：具备完全民事行为能力、通过培训考核、无影响飞行的疾病史，无吸毒行为、近 5 年无刑事处罚记录。

执照和教员等级的有效期：执照 6 年，教员等级 36 个月，有效期内等级或者签注发生变化，重新计算。

（1）执照和教员等级的更新(有效期满 30 个工作日前申请)：

执照：出示最近一次有效熟练检查或定期检查记录。

教员等级：通过所持任一教员的等级实践考试。

（2）过期重新办理：

执照：重新通过相应等级的理论考试+实践考试。

教员等级：重新通过任一教员的等级实践考试。

（3）执照定期检查与熟练检查：

定期检查：在行使权利前24个日历月内，具有下列飞行经历、检查或者考试可以替代。

- 前24个日历月内，符合局方要求的飞行经历记录证明；
- 除教员等级外相应执照和等级的实践考试（飞行）；
- 相应执照和等级的熟练检查。

熟练检查：经常飞行、无人机或模拟训练设备、除教员以外的实践考试。

1.6.3 无人机应用合格证评定体系

中国民航飞行员协会下设的无人机管理办公室对民用无人机操控员应用合格证和无人机系统工程师合格证进行颁发和管理工作。民用无人机应用合格证分类如图 1-6-2 所示。

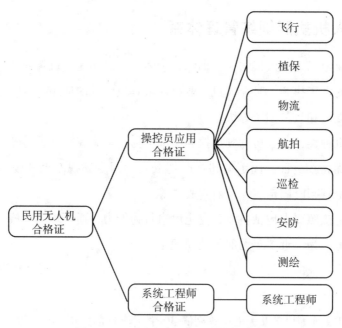

图 1-6-2 民用无人机应用合格证分类

1.6.4　无人机"1+X"职业教育体系

2019 年 1 月，国务院制定出台的《国家职业教育改革实施方案》、2019 年 4 月教育部会同国家发展改革委、财政部、市场监管总局联合印发了《关于在院校实施"学历证书+若干职业技能等级证书"制度试点方案》，启动"学历证书+若干职业技能等级证书"制度。

据不完全统计，自 2013 年无人机应用技术专业第一次列入招生专业目录，开始面向全国招生，截至 2022 年开设无人机专业的高职院校已达 428 所，可开展无人机应用技术专业招生。同时多所高校开设了人工智能和无人系统类专业，教育部新设专业也增加了多个与人工智能相关的专业。

1)"1+X"经费的来源

资金下拨：根据现代职业教育质量提升计划资金安排和权重。

地方财政投入：按照《教育领域中央与地方财政事权和支出责任划分改革方案》，以及现行审计和财税体制改革要求，地方加大职业教育的投入。

学校其他事业收入：学费及学校其他事业收入，可统筹用于推动"1+X"制度试点。

2)证书试点专业

无人机驾驶包含 185 个相关试点专业，其中包含机电技术应用、无人机应用技术、国土测绘与规划等；无人机检测与维护包含 163 个相关试点专业，其中包含农业机械使用与维护、电子技术应用、机电一体化技术等。

3)考核站点设置

设置临时考核站点近 255 个，无人机驾驶和无人机检测与维护职业技能等级证书考试均可以在本校考试，考评员上门服务考核。

4)等级标准修订与完善

持续完善职业技能等级证书标准，2021 年 10 月针对标准开展第一次修订工作，2021 年 11 月通过专家审核。

5)"1+X"证书等级

"1+X"证书分为初级、中级、高级三个等级。

1.6.5　无人机新职业人社评定体系

无人机新职业人社评定体系如图 1-6-3 所示。

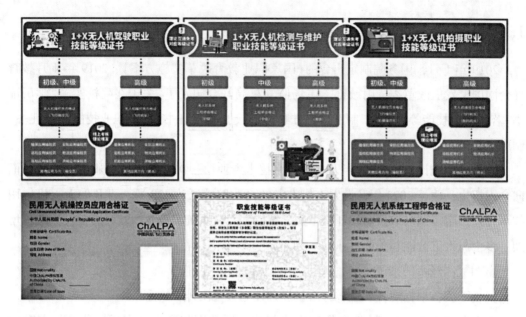

图 1-6-3　无人机新职业人社评定体系

1.6.6　青少年航空科技创新教育体系

为了推动青少年航空科普的发展，中国飞协(全称为中国民航飞行员协会)建立了"小小飞行员"无人机技术能力培养课程体系和航空技术能力培养课程体系，发起了配套的技术能力水平评价项目(小小飞行员等级证书)，并与中国民航飞行员协会的无人机专业技能人才评定体系(无人机应用合格证)、教育部"1+X"职业技能等级认定体系(职业技能等级证书)、国家学分银行认定体系(职业技能等级附带学分)以及中国民航飞行员执照(无人机执照)体系相衔接，为预备航空人才的进阶培养提供全流程、全方位的服务工作。

"小小飞行员"无人机技术能力培养课程与水平评级体系，依次由低向高分为预备级、1级、2级、3级、4级、5级、6级，分别对应幼儿园与小学一至六年级。学生可在3级或以下的任意等级内开始参加"小小飞行员"无人机技术能力培养课程。参加4级及以上的课程，需要先取得前1个等级相应的水平评级证书，完成相应等级的培养课程后可报名参加该等级的水平评级。

"小小飞行员"航空技术能力培养课程与水平评级体系，分为初级、中级、高级。初级、中级对应中等教育阶段的初中学生，高级对应普通高中以及职业高中的学生，无具体年级对应，学生根据自身情况可以选择学习等级课程，完成相应等级的培养课程后可报名参加该等级的水平评级。

其培训基地包括青少年航空科技创新教育示范基地和青少年航空科技创新教育中心。

青少年航空科技创新教育示范基地使用精品课程的基地，将获得中国民航飞行员协会颁发的"青少年航空科技创新教育示范基地××省"资质，资质授权有效期为 2 年，2 年后需要复审，重新颁发资质。选择精品课程的基地应在 1 年内至少培训出 300 名通过等级证书考核的考生。

青少年航空科技创新教育中心可以选择自有课程的基地，将获得中国民航飞行员协会颁发的"青少年航空科技创新教育中心××市"资质，资质授权有效期为 2 年，2 年后需要复审，重新颁发资质。选择自有课程的中心应在 1 年(12 个日历月)内至少培训出 100 名通过等级证书考核的考生。

证书体系融通相关规定：小学 1~6 年级取得"小小飞行员"无人机技术能力 4 级以上等级证书的学生，可以免除考核增发中国飞协颁发的微型无人机操控员合格证。

初中 1~3 年级取得"小小飞行员"航空技术能力中级证书的学生，可以免除考核增发中国飞协颁发的轻型无人机操控员合格证。

高中 1~3 年级申请"小小飞行员"航空技术能力高级水平考核的学生，可以同时申请教育部无人机驾驶(无人机检测与维护、无人机拍摄+学分)职业技能等级证书考试考核，同场评价，通过一次综合考试考核后，同时取得"小小飞行员"高级水平证书、中国飞协颁发的小型无人机操控员合格证以及教育部 1+X 无人机驾驶职业技能等级证书并获得国家学分银行认定的相应学分(学分终身使用)。在符合条件的情况(年满 16 周岁)下，经中国飞协推荐报名参加执照考试，同场进行"1+X"职业技能考核，考试考核一次通过同时获得执照、1+X 职业技能等级证书+学分。

📝 任务实施

(1)搜集资料，说说你对无人机应用合格证评定体系的认识。

_____

_____

(2)简述你对青少年航空科技创新教育体系的认识。

_____

_____

任务评价

根据任务实施情况进行评价，填写任务评价表。

任务评价表

班级		组名		姓名	
出勤情况					
评价内容	评价要点	考查要点		分数	分数评定
查阅文献情况	任务实施过程中文献查阅	已经查阅信息资料		20分	
		正确运用信息资料			
互动交流情况	组内交流，教学互动	积极参与交流		30分	
		主动接受教师指导			
任务完成情况	任务准备情况	了解无人机专业"1+X"证书的相关知识		10分	
		能够充分认识无人机职业体系的发展及技能认证的必要性		10分	
	任务完成情况	正确检索需要的资料		15分	
		正确认识无人机职业体系的发展水平		15分	
合计				100分	

练习与提升

1. 如果一位小朋友对无人机感兴趣，如何培养他的爱好呢？
2. 为保证无人机行业的发展，我国做了哪些工作？

项目小结

本项目首先介绍了无人机的发展现状、趋势，分类方法，系统结构，然后介绍无人机摄影的发展历程，最后给出了目前市场上的主流摄影无人机以及无人机职业体系发展与技能认证的知识。通过本项目的学习，读者可以对无人机、无人机摄影有初步的认识，为操作无人机奠定基础。

项目 2
飞行安全及法律法规

项目描述

安全问题虽然老生常谈，而现实是，不出事故时，往往没有人愿意关注安全问题；一旦发生事故，如被无人机的螺旋桨击伤，一切却又追悔莫及。每个人都知道安全的重要性，但一些飞行安全知识未必人人了解。此外，无人机的安全飞行离不开法律法规的保障。因此，本项目简要介绍无人机飞行的法律法规和安全常识。

知识目标

1. 了解航空基本概念。
2. 认识飞行安全管理机构。
3. 掌握无人机飞行与运营的基本知识。
4. 掌握无人机飞行的法律法规。

能力目标

在法律法规规定的范围内正确飞行无人机。

素质目标

1. 培养具有勇于担当、敢于奋斗、遵守飞行法规、忠诚职业、明德力行的匠心型人才。
2. 培养善用无人机专业知识、力行实践、精益求精的工科复合型技能人才。

任务 2.1 飞行安全基础知识

在购入满足摄影需求的无人机后，为了确保首次飞行的安全，我们需要进行飞行安全基础知识的学习。

🗒 知识准备

2.1.1 航空基本概念

1. 含义

航空是一种复杂而有战略意义的人类活动，指飞行器在地球大气层(空气空间)中的飞行(航行)活动，与此相关的有科研教育、工业制造、公共运输、专业作业、航空运动、国防军事、政府管理等众多领域。

2. 分类

按用途类型划分，航空主要可分为民用航空和军事航空两类。其中，民用航空是指使用航空器从事除了国防、警察和海关等国家航空活动以外的航空活动，主要分为公共运输航空和通用航空两大类。航空分类如图 2-1-1 所示。

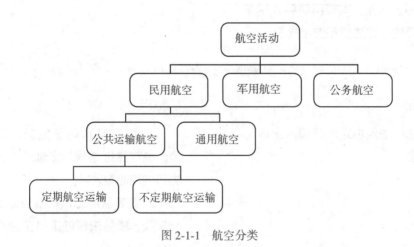

图 2-1-1　航空分类

2.1.2 公共运输航空

公共运输是指公共航空运输企业使用民用航空器经营的旅客、行李或者货物的运输，包括公共航空运输企业使用民用航空器办理的免费运输。

公共航空运输企业是指以营利为目的使用民用航空器从事旅客、行李、货物、邮件运输的企业法人。

2.1.3 通用航空

1. 通用航空的概念

通用航空(general aviation，GA)是民用航空的一种，是指使用民用航空器从事公共运输航空以外的民用航空活动，具有机动灵活、快速高效等特点，包括从事工业、农业、林业、渔业和建筑业的作业飞行，以及医疗卫生、抢险救灾、气象探测、海洋监测、科学实验、教育训练、文化体育等方面的飞行活动。

2. 通用航空的分类

(1)甲类：通用航空包机飞行、石油服务、直升机引航、医疗救护、商用驾驶员执照培训。

(2)乙类：空中游览、直升机机外载荷飞行、人工降水、航空探矿、航空摄影、海洋监测、渔业飞行、城市消防、空中巡查、电力作业、航空器代管、跳伞飞行服务。

(3)丙类：私用驾驶员执照培训、航空护林、航空喷洒(撒)、空中拍照、空中广告、科学实验、气象探测。

(4)丁类：使用具有标准适航证的载人自由气球、飞艇开展空中游览；使用具有特殊适航证的航空器开展航空表演飞行、个人娱乐飞行、运动驾驶员执照培训、航空喷洒、电力作业等经营项目。

2.1.4 机场的分类与等级

1. 机场的分类

机场(图 2-1-2)有不同的大小，除了跑道之外，机场通常还设有塔台、停机坪、航空客运站、维修厂等设施，并提供机场管制服务、空中交通管制等其他服务。机场按不同的分类方法有不同的类型，如图 2-1-3 所示。

图 2-1-2 机场

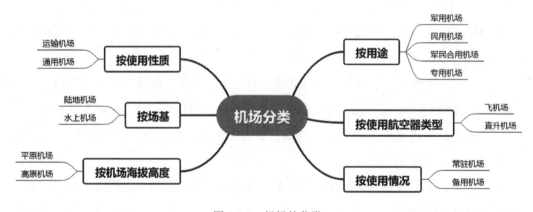

图 2-1-3 机场的分类

2. 通用机场的定义与分类

通用机场的定义方式，主要有通过列举所保障的飞行活动进行界定、通过排除其他业务活动进行界定两类。

我国不同地区对通用机场的分类不尽相同，如表 2-1-1 所示。

表 2-1-1　我国通用机场的分类

民航局、华北、东北、中南、西北、新疆		西南		华东	
分类	定义	分类	定义	分类	定义
一类通用机场	具有 10～29 座航空器经营性载人飞行业务；最高月起降量达到 3000 架次以上	一类通用机场	作为基地的或仪表飞行的、有固定设施的通用机场。含：航空器生产组装厂家的试飞场	一类通用机场	供固定翼飞机使用的通用机场。跑道长度一般在 500m 以上。注：可作为申请通航经营许可的基地机场
二类通用机场	具有 5～9 座航空器经营性载人飞行业务；最高月起降量在 600～3000 架次之间	二类通用机场	不作为基地的或目视飞行的、有固定设施的通用机场。含：季节性开放的一类机场、水上平台、高架直升机场	二类通用机场	具有固定性、驻地性、供直升机或水上飞机常年使用的直升机场。包括有跑道的直升机场。注：一般指基地型直升机场；可作为申请通航经营许可的基地机场
三类通用机场	除二类外的通用机场	三类通用机场	执行临时任务、暂时供民用航空器起飞、降落、用于非载客飞行的无固定设施的临时机场	三类通用机场	季节性型或执行临时紧急任务的直升机场和水上机场。注：不得作为申请通用航空经营许可的基地机场；含高架直升机场、个人或企业临时租用的机场、野外作业的临时起降点

（1）备降机场：供航空器在飞行中由于气象变化、机械故障灯原因无法在预定机场降落时使用的机场。备降机场通常选在航线或者预定降落机场附近，分为固定备降场和临时备降场。

（2）迫降场：为航空器紧急情况下被迫着陆而设置的场地。

（3）临时起降点：供轻型、直升机、热气球、滑翔伞等航空器临时起降的场地。临时起降点的选择应根据实际条件而定，一般要求地势平坦、坚硬，地表无吹起杂物，尽量保持一定范围内无障碍物；在条件许可时，应当配备相应的保障设施设备。临时起降点的设立有专门的审批程序和规定。临时起降点设立时限不超过一年，且不跨年度。

2.1.5 认识空域

1. 基本概念

1) 空域

空域是根据飞行任务需要而划定的一定范围的空间。空域是航空事业发展的重要物质基础，是航空单位(个人)进行航空活动和空管部门提供空管服务的物质空间。

2) 空域用户

空域用户是指按照航空法规规定的程序使用空域的法人和自然人，是空管系统提供管制服务的对象主体。按用途类型划分，公共运输航空、通用航空和军事航空是三类主要空域用户。不同的空域用户，根据其运行目的选择作业的航空器类型不一样，飞行的空域也不一样。

3) 空域管理

空域规划是指对某一给定空域通过对未来空中交通量需求的预测或空域使用各方的要求(军方和民航)，根据空中交通流的流向、大小与分布，对区域范围、航路/航线的布局、位置点、高度、飞行方向、通信/导航/监视设施类型和布局等进行设计和规划，并加以实施和修正的全过程，即指根据空域规划、使用和安全等方面要求，确定空域范围，并明确其属性和使用规定等的过程。

空域划设是指对空域中涉及的飞行情报区和管制区、航路、航线、进离场航线(飞行程序)、禁区、限制区、危险区等空域资源以及飞行高度、间隔等空域标准进行设计、调整、实施与监控的过程。

2. 空域的分类

国际民航组织根据是否给仪表飞行规则 IFR 或目视飞行规则 VFR 飞机提供空中交通管制对不同的空域予以分类和命名，标准中把空域分为七类，分别为 A、B、C、D、E、F、G 类。

1) A 类空域

只允许 IFR 飞行，要求实现地空双向通信，进入空域要进行 ATC 许可，对所有 IFR 飞行均提供空中交通管制服务，并在其所有航空器相互之间配备间隔。

2) B 类空域

允许 IFR 和 VFR 飞行，对所有飞行均提供空中交通管制服务，并在其相互之间配备间隔，即 B 类空域允许 IFR 和 VFR 飞行，其他同 A 类空域。

3）C 类空域

允许 IFR 和 VFR 飞行，管制员在 IFR 与 IFR 飞行以及 IFR 与 VFR 飞行之间配备间隔，提供空中交通管制服务。在 VFR 与 VFR 飞行之间只接收关于所有其他飞行的交通情报，管制员不为其提供间隔。

4）D 类空域

允许 IFR 和 VFR 飞行。管制员为 IFR 飞行与其他 IFR 飞行之间配备间隔，提供空中交通管制服务。IFR 接收关于 VFR 飞行的活动情报。VFR 飞行接收关于所有其他飞行的交通情报。

5）E 类空域

只需要 IFR 飞行实现地空双向通信，VFR 飞行进入空域不需要 ATC 许可，其他同 D 类空域；E 类空域允许 IFR 和 VFR 飞行，对 IFR 飞行提供空中交通管制服务。

6）F 类空域

对 IFR 飞行提供交通资讯和情报服务，对 VFR 飞行提供飞行情报服务，所有航空器进入空域都不需要 ATC 许可，其他同 E 类空域；F 类空域允许 IFR 和 VFR 飞行。

7）G 类空域

不需要提供间隔服务，对飞行提供飞行情报服务，只需要 IFR 飞行实现地空双向通信，进入空域不需要 ATC 许可，其他同 F 类空域。如要求，可提供飞行情报服务。

我国将管制区域分为 A、B、C、D 四类。

（1）A 类空域为高空管制区，高度为 6600m 以上高空。高空管制区由高空区域管制室负责。在高空管制区只允许 IFR 飞行。

（2）B 类空域为中低空管制区，高度为 6600m 以下的空域。B 类空域接受 IFR 和 VFR 飞行。但 VFR 飞行须经航空器驾驶员申请并经中低空区域管制室批准。

（3）C 类空域为进近管制空域，通常设置在一个或几个机场附近的航路汇合处，也是中低空管制区与塔台管制区的连接部分。其高度为 6000m 以下最低高度层以上，水平范围通常以机场基准点为中心半径 50km 或走廊进出口以内的除机场塔台管制范围以外的空间。

（4）D 类空域为塔台管制区，通常包括起飞航线、第一等待高度层及其以下、地球表面以上的空间和机场机动区。

2.1.6　我国民航业概况

我国除台北和香港两个飞行情报区外，目前全国划设 19 个高空管制区，28 个中低空管制区，25 个进近管制区，1 个终端管制区。

航路航线总距离约 16.4 万千米，其中国际航路航线约占 46.2%，临时航线约占 16.2%。

截至 2022 年底，民航全行业运输飞机期末在册架数 4165 架，比上年底增加 111 架；我国共有定期航班航线 4670 条，按重复距离计算的航线里程为 1032.79 万千米，按不重复距离计算的航线里程为 699.89 万千米。

机场方面，截至 2022 年底，我国境内运输机场(不含香港、澳门和台湾地区)254 个，比上年底净增 6 个。

除航路航线以及民航机场附近区域外，军方划设了 2 个空中禁区、66 个空中危险区、199 个空中限制区，以及若干个军事训练空域。

✍ 任务实施

在购买了心仪的无人机后，拿到实物的我们意识到，无人机和机载相机不是普通玩具，当它们在天上飞行时，旋转着的螺旋桨和从高空突然坠落的物件极有可能会威胁到现场人员的安全。为保证飞行安全，需要了解飞行安全的基础知识，请回答以下问题。

(1)按用途类型划分，航空可分为哪几种？

_____

_____

_____

(2)机场的分类方式有哪几种？

_____

_____

_____

(3)什么是空域？什么是空域用户？

_____

_____

_____

(4)简述空域的划分。(提示：分国际民航与我国民航两方面叙述。)

_____

_____

_____

任务评价

根据任务实施情况进行评价，填写任务评价表。

任务评价表

班级		组名		姓名	
出勤情况					
评价内容	评价要点	考查要点		分数	分数评定
查阅文献情况	任务实施过程中文献查阅	已经查阅信息资料		20 分	
		正确运用信息资料			
互动交流情况	组内交流，教学互动	积极参与交流		30 分	
		主动接受教师指导			
任务完成情况	任务准备情况	掌握航空、机场的概念与分类		10 分	
		对空域及其分类有初步认识		10 分	
	任务完成情况	正确检索需要的资料		15 分	
		正确评价我国民航业的发展		15 分	
合计				100 分	

练习与提升

1. 说一说你对航空的认识。
2. 简述你对空域的理解。

任务 2.2　飞行安全管理机构

若没有专门的机构管理无人机的飞行，那些天上飞的或大或小的无人机，可能会变成伤人甚至杀人的"凶器"。所以，飞行安全管理机构的设置是非常必要的。下面我们就来认识飞行安全管理机构。

🔲 知识准备

2.2.1 我国航空安全管理组织体系

我国民用航空安全管理体系采用的是：两级政府、三级管理。

"两级政府"指的是中国民用航空局和中国民用航空地区管理局；"三级管理"指的是民用航空局、民用航空局地区管理局及地区管理局的派出所机构安全监督管理局。

政府：立法决策、组织实施、监督检查等宏观管理。

民用航空企业：组织实施、监督检查、执行操作等微观管理。

1. 中国民用航空局

1）航空安全办公室

航空安全办公室的主要职责是保障全行业航空安全。

2）飞行标准司

飞行标准司主要负责对民用航空器安全运行状态的审定和持续监督，制定民用航空器维修以及与航空器运营相关的各类人员的管理规章、标准和程序，并根据这些程序对其进行持续性的管理和监督。

3）航空器适航审定司

航空器适航审定司的主要职责是制定民用航空器、发动机、螺旋桨及其零部件、机载设备的适航审定规章、标准，并根据相应的规章、标准对航空产品进行适航性的审定，保证民用航空产品符合相关的适航标准，从而达到保证航空产品安全性的根本目的。

2. 民用航空地区管理局

民用航空地区管理局在中国民用航空局的领导下，主要负责对所辖区的民用航空事务实施行业管理和监督。我国现有的 7 个民用航空地区管理局分别为：华北地区管理局、华东地区管理局、中南地区管理局、西南地区管理局、西北地区管理局、东北地区管理局、新疆管理局。其主要职责如下：

（1）监督检查安全活动；

（2）发布安全通报和指令；

（3）航空企事业单位的安全评估工作；

（4）调查处理航空事故。

3. 航空公司

航空公司在中国民用航空局和民用航空地区管理局的领导之下，航空公司的安全管理活动主要集中在组织实施、检查和执行操作等微观管理层面。

航空公司的职责：负责公司航空安全检查与日常监督工作；航空安全内部审计工作；公司内部航空不安全事件的调查与处理工作；公司飞行品质监控管理工作；公司航空安全奖罚工作；参与公司的航空安全教育等活动；协调参与政府部门、集团及公司所属各单位间的航空安全相关工作等。

航空公司建立安全委员会对整个公司的安全运营从总体上、全局上进行把握和管理，安全监察部具体实施航空安全管理方针、政策的执行和日常管理监督工作。

2.2.2　影响飞行安全的因素

1. 天气环境的因素

天气对无人机航拍的影响是除设备影响之外最大的因素。如果天气晴朗，能见度高，这样航拍的画面就会很清晰；如果遇到即将下雨或者已经打雷，那么航拍的画面光线暗、模糊，雷暴和雨天对无人机的影响是非常之大的。建议在雨后刚刚放晴的时候飞行，这个时候是最佳的飞行航拍时间。

2. 风的因素

发生频繁的乱风和风切变、风速大于 3 级的话建议尽量不要飞行，风对无人机的影响是很大的。平常生活中风是常有的，平缓的单一方向的风对于飞手（无人机操控员的简称）来说是比较常见的，也是容易克服的，但是如果发生乱风和风切变，这就对飞手的要求很高了。建议如果有这方面兴趣和当成职业来做的话，可以去进行专业的训练，考取专业的飞行执照。

3. GPS

无人机是通过 GPS 进行定位的，无人机很多维稳设备都是基于 GPS 进行定位维稳的，所以在 GPS 信号弱或者干扰大的地方建议不要飞行，无人机无法通过 GPS 定位维稳，容易发生事故。

GPS 允许无人机准确知道其当前位置。但是，在某些情况下，GPS 可能无法正常工作。在这些情况下，我们需要更加关注无人机的状态，避免安全事故。

在高层建筑、峡谷或类似地形中，无人机的 GPS 信号大多是模糊的，只能在飞机正上方接收少量卫星信号。

4. 无人机自身硬件

飞行前应该对无人机进行检查，检查螺旋桨是否有损伤，机身是否有损伤，电池电量是否充足，遥控器电量是否充足，飞控图传是否正常，设置好返航点，起飞后先低飞检查无人机飞行姿态是否正常，指南针、GPS 连接是否正常。

5. 站立位置

新手尽量不要太靠近树木茂密的地方飞行，遮挡物太多容易发生撞机事故，飞手站立的地方尽量选择空旷、视野宽广的地方，这样无人机自动返航时才不会发生撞机、坠机的事故。

6. 磁罗盘

磁罗盘是指南针。如果磁罗盘信号出现问题，飞机将无法识别方向。

(1)避免在磁力较强的区域飞行。如铁栅栏等，如果无人机太靠近它，它自己的磁场信号将干扰无人机的磁罗盘。

(2)当"时间和空间"发生很大变化时，需要校准磁罗盘。

当无人机空闲时间过长时，其内部磁罗盘信号有可能会漂移，因此在长时间不活动后重新飞行时应重新校准磁罗盘。在正常情况下，未使用一周左右的无人机，再次使用时磁罗盘应校准。

地球的磁场信号在每个区域都不完全相同，因此当位置变化很大时应重新校准磁罗盘。通常，需要从超过 10km 的最后磁罗盘校准位置再次校准磁罗盘信号。

7. 遥控信号

影响无人机遥控信号的主要因素有以下两个。

影响因素一：遥控设备和无人机的距离。

如果无人机超过遥控设备的有效距离，它将不会从遥控设备接收控制信号。这种情况被称为失控。

影响因素二：遮挡。

遮挡是指操作员和无人机之间存在明显的障碍物。障碍物有两种，一种是阻挡视线使操作员无法看到无人机的状态和姿态，二是影响无线控制信号的传输。

任务实施

根据所学知识，思考并回答以下问题：

(1)简述你对我国航空安全管理组织体系的认识。

_____

_____

_____

(2)影响飞行安全的因素有哪些?

_____

_____

_____

任务评价

根据任务实施情况进行评价，填写任务评价表。

任务评价表

班级		组名		姓名	
出勤情况					
评价内容	评价要点	考查要点		分数	分数评定
查阅文献情况	任务实施过程中文献查阅	已经查阅信息资料		20分	
		正确运用信息资料			
互动交流情况	组内交流，教学互动	积极参与交流		30分	
		主动接受教师指导			
任务完成情况	任务准备情况	了解我国的航空安全管理组织体系		10分	
		了解影响飞行安全的因素		10分	
	任务完成情况	正确检索需要的资料		15分	
		正确辨别飞行安全因素		15分	
合计				100分	

练习与提升

1. 说一说你对航空安全管理组织体系的认识。
2. 无人机自身影响飞行安全的因素有哪些?

任务 2.3   无人机飞行与运营

了解了飞行安全的基本知识及飞行管理机构后,还要对无人机飞行与运营有一定的认识。

知识准备

2.3.1   无人机飞行任务审批

以下九种情况需要办理任务申请和审批手续,飞行实施前,须按照国家飞行管制规定提出飞行计划申请:

(1)航空器进出我国陆地国界线、边境争议地区我方实际控制线或者外籍航空器飞入我国领空的(不含民用航空器沿国际航路飞行),由民用航空局商总参谋部、外交部审批。

(2)航空器越过台湾海峡两岸飞行情报区分界线的(不含民用航空器沿国际航路飞行),由民用航空局商总参谋部、国务院台湾事务办公室审批;飞入香港、澳门地区的,须先通过相关渠道征得香港、澳门特别行政区政府有关部门同意。

(3)航空器进入陆地国界线、边境争议地区实际控制线我方一侧10公里的(不含民用航空器沿国际航路飞行),由民航地区管理局商所在军区审批;越过我国海上飞行情报区的(不含台湾海峡地区和沿国际航路飞行),由民航地区管理局商所在军区空军审批,报相关军区备案。进入上述地区或越过海上飞行情报区执行森林灭火、紧急救援等突发性任务的,由所在飞行管制分区指挥机构(航管中心)审批并报军区空军备案。

(4)航空器进入空中禁区执行通用航空飞行任务,由民用航空局商总参谋部审批;进入空中危险区、空中限制区执行通用航空飞行任务,由民航地区管理局商军区空军或者海军舰队审批。

(5)凡在我国从事涉及军事设施的航空摄影或者遥感物探飞行,其作业范围由民航地区管理局商相关军区审批；从事涉及重要政治、经济目标和地理信息资源的航空摄影或者遥感物探飞行，其作业范围由民航地区管理局商相关省、自治区、直辖市政府主管部门审批。

(6)我国与相邻国家联合组织跨越两国边境的航空摄影、遥感物探等通用航空飞行，由国土资源部(2018年3月撤销，现为自然资源部)商外交部、民用航空局、总参谋部提出意见，报国务院审批。

(7)外籍航空器或者由外籍人员驾驶的我国航空器使用未对外开放的机场、空域、航线从事通用航空飞行，由民用航空局商总参谋部审批。

(8)中央国家机关有关部门、地方人民政府和企业事业单位使用军用航空器进行航空摄影(测量)、遥感物探，以及使用总参谋部直属部队航空器或者使用军区所属航空器跨区从事通用航空飞行的，由总参谋部审批。使用军区所属航空器在辖区内进行其他通用航空飞行的，由相关军区审批；使用海军、空军所属航空器进行其他通用航空飞行的，由海军、空军或者海军舰队、军区空军审批。

(9)国家组织重大活动等特殊情况下的通用航空飞行，按照国家和军队的有关规定要求审批。

2.3.2 无人机飞行经营许可

1. 取得无人驾驶航空器经营许可证的条件

取得无人驾驶航空器经营许可证的基本条件：

(1)从事经营活动的主体应当为企业法人，法定代表人为中国籍公民。

(2)企业应至少拥有一架无人驾驶航空器，且以该企业名称在中国民用航空局"民用无人驾驶航空器实名登记信息系统"中完成实名登记。

(3)具有行业主管部门或经其授权机构认可的培训能力(此款仅适用从事培训类经营活动)。

(4)投保无人驾驶航空器地面第三人责任险。

2. 许可方式与程序

"民用无人驾驶航空器实名登记信息系统"实名登记所需材料：

(1)企业法人基本信息。

(2)无人驾驶航空器实名登记号。

（3）无人机驾驶员培训机构认证编号（此款仅适用于培训类经营活动）。

（4）投保地面第三人责任险承诺。

（5）企业拟开展的无人驾驶航空器经营项目。

2.3.3　无人机飞行空域

1. 微型无人机禁止飞行空域

微型无人机是指空机重量小于 0.25kg，飞行高度小于 50m，最大飞行速度 40km/h 的无人机。其禁止飞行空域如下：

（1）真高 50m 以上空域。

（2）空中禁区以及周边 2000m 范围。

（3）空中危险区以及周边 1000m 范围。

（4）机场、临时起降点围界内以及周边 2000m 范围的上方。

（5）国界线、边境线到我方一侧 2000m 范围的上方。

（6）军事禁区以及周边 500m 范围的上方，军事管理区、设区的市级（含）以上党政机关、监管场所以及周边 100m 范围的上方。

（7）射电天文台以及周边 3000m 范围的上方，卫星地面站（含测控、测距、接收、导航站）等需要电磁环境特殊保护的设施以及周边 1000m 范围的上方，气象雷达站以及周边 500m 范围的上方。

（8）生产、储存易燃易爆危险品的大型企业和储备可燃重要物资的大型仓库、基地以及周边 100m 范围的上方，发电厂、变电站、加油站和大型车站、码头、港口、大型活动现场以及周边 50m 范围的上方，高速铁路以及两侧 100m 范围的上方，普通铁路和省级以上公路以及两侧 50m 范围的上方。

（9）军航超低空飞行空域。

微型无人机禁止飞行空域以外的空域即为微型无人机适飞空域。

2. 轻型无人机禁止飞行空域

轻型无人机是指空机重量小于 4kg，最大起飞重量 7kg，最大飞行速度 100km/h 的无人机。其禁止飞行空域如下：

（1）真高 120m 以上空域。

（2）空中禁区以及周边 5000m 范围。

（3）空中危险区以及周边 2000m 范围。

（4）军用机场净空保护区，民用机场障碍物限制面水平投影范围的上方。

（5）有人驾驶航空器临时起降点及周边 2000m 范围的上方。

（6）国界线到我方一侧 5000m 范围的上方，边境线到我方一侧 2000m 范围的上方。

（7）军事禁区以及周边 1000m 范围的上方，军事管理区、设区的市级（含）以上党政机关、核电站、监管场所以及周边 200m 范围的上方。

（8）射电天文台及周边 5000m 范围的上方，卫星地面站（含测控、测距、接收、导航站）等需要电磁环境特殊保护的设施以及周边 2000m 范围的上方，气象雷达站及周边 1000m 范围的上方。

（9）生产、储存易燃易爆危险品的大型企业和储备可燃重要物资的大型仓库、基地以及周边 150m 范围的上方，发电厂、变电站、加油站和中大型车站、码头、港口、大型活动现场以及周边 100m 范围的上方，高速铁路以及两侧 200m 范围的上方，普通铁路和国道以及两侧 100m 范围的上方。

（10）军航低空、超低空飞行空域。

（11）省级人民政府会同战区确定的管控空域。

2.3.4　无人机飞行计划申请内容

1. 无人机飞行计划申请内容

（1）组织该次飞行活动的单位或者个人。

（2）飞行任务性质。

（3）无人机类型、架数。

（4）通信联络方法。

（5）起飞、降落和备降机场（场地）。

（6）预计飞行开始、结束时刻。

（7）飞行航线、高度、速度和范围、进出空域方法。

（8）指挥和控制频率。

（9）导航方式、自主能力。

（10）安装二次雷达应答机的，注明二次雷达应答机代码申请。

（11）应急处置程序。

（12）其他特殊保障需求。

无人机飞行计划申请样表如表 2-3-1 所示。

表 2-3-1　无人机飞行计划申请样表

公司名称	×××公司		
联系人	×××	联系电话	×××
执行日期	20××年×月×日—×日 14 时 00 分至 18 时 00 分	任务性质	无人机飞手培训
机型及架次	×××系列无人机	机号或呼号	A0001
飞行高度	20m 以下，100m 视距范围内	飞行航线	
飞行规则	目视		
天气标准	无雨，无危险天气，风力 ≤ 4 级，能见度 ≥1km	作业范围	×××(经纬度范围)

2. 无人机飞行计划审批权限

(1)在机场区域内的，由负责该机场飞行管制的部门批准。

(2)超出机场区域在飞行管制分区内的，由负责该分区飞行管制的部门批准。

(3)超出飞行管制分区在飞行管制区内的，由负责该区域飞行管制的部门批准。

(4)超出飞行管制区的，由空军批准。

2.3.5　无人机飞行的组织与实施

1. 飞行作业前的工作

(1)飞行环境检查(建筑、高压线等障碍物，周围人群)。

(2)飞行前的飞机检查(机械外观、上电后系统检查)。

2. 飞行中的工作

(1)起飞后，必须一直关注飞机的飞行状态，实时掌握飞机的飞行数据。

(2)飞手必须时刻关注飞行器的姿态、飞行时间、飞行器位置等重要信息。

(3)必须确保飞行器有足够的电量能够安全返航。

（4）密切注意天气变化，当出现危险天气或在超低空飞行有下降气流时，应立即停止作业。

（5）多架以上无人机在同一地区作业飞行时，如果作业区邻近，必须制定安全措施，及时通报情况，正确调配间隔。注意遥控器的同频干扰等。

3. 降落后的工作

（1）飞行器飞行结束降落后，必须确保遥控器已加锁，然后切断飞机电源。

（2）飞行完后检查电池电量，进行飞行器外观检查、机载设备检查。

（3）作业完成后整理设备。

（4）及时向当地飞行管制部门报告飞行实施情况。

无人机作业完成后，还要对无人机作业的质量进行检验，看是否达到了无人机作业质量的要求。无人机作业的质量检查主要包括两方面的内容：

① 看作业区域是否达到了作业要求。

② 看对其他不需要作业的区域是否产生了危害。

对没有达到质量要求的作业还要进行重新飞行，对产生危害的作业还要进行赔偿。飞行任务完成后，还要与生产单位的人员办好交接手续，清理好所带的物资和设备。

安全飞行指南

一查当地限飞区，限飞区域要远离

二查飞行区域内，远离人群与建筑

三查桨叶和机身，外观完好无裂痕

四查电池和遥控，电量充足是前提

五查摇杆的模式，美手日手需确认

六查无人机信号，GPS罗盘必须要

七查返航高度数，高于所有障碍物

八查飞行的区域，铁塔电线要远离

九查飞行的距离，视距飞行要保持

十查降落关电源，先关飞机后关控

✍ 任务实施

运用所学知识分析以下案例。

案例一：2021年9月6日，33岁的吴伟(化名)擅自在武汉火车站东广场放飞无人机，被武汉铁路公安处武汉车站派出所民警当场查获。

据调查，吴伟长期在武汉务工，当天晚上闲来无事，就想用无人机拍一些武汉站夜景发到个人社交平台上，但吴伟未取得无人机驾驶证，此次飞行也未向相关部门报备。经测量，该无人机飞行地点与铁路线路直线距离一百余米，武汉铁路公安处依法给予其行政罚款500元。

请思考：若吴伟取得了无人机驾驶证，在飞行无人机前需要进行哪些准备工作？

_____

_____

案例二：2021年4月17日，西安马拉松期间，西安市公安局特警支队民警发现在永宁门广场西侧有未经报备的无人机与央视航拍直升机飞行距离极为接近，有发生碰撞的危险。为确保赛事和现场群众安全，警航大队民警立即用反制设备迫使该无人机返航，待无人机飞行至无人区域时，民警又使用反制设备令无人机迫降。无人机操纵者陈某在遥控器信号已被干扰的情况下，强行争夺无人机控制权，导致无人机在起飞点华侨城大厦附近坠机。陈某被当场抓获，并移交碑林分局巡特警大队处理。

请思考：无人机飞行计划申请包括哪些内容？

_____

_____

_____

任务评价

根据任务实施情况进行评价，填写任务评价表。

任务评价表

班级		组名		姓名	
出勤情况					
评价内容	评价要点	考查要点		分数	分数评定
查阅文献情况	任务实施过程中文献查阅	已经查阅信息资料		20分	
		正确运用信息资料			

续表

评价内容	评价要点	考查要点	分数	分数评定
互动交流情况	组内交流，教学互动	积极参与交流	30 分	
		主动接受教师指导		
任务完成情况	任务准备情况	掌握微型无人机、轻型无人机的禁止飞行空域	10 分	
		能够进行飞行前的准备工作，以及飞后检查工作	10 分	
		能够按规定进行无人机飞行计划申请	10 分	
	任务完成情况	正确检索需要的资料	10 分	
		正确进行无人机的组织与实施	10 分	
合计			100 分	

📝 练习与提升

1. 说一说为什么需要进行无人机飞行计划申请。

2. 无人机飞行前需要进行哪些准备工作？

任务 2.4　无人机飞行相关法律法规

无人机的安全飞行离不开法律法规的保障。为此，让我们搜集资料，学习无人机飞行相关的法律法规。

📋 知识准备

我国关于无人机飞行方面的法律法规包括：《轻小无人机运行规定(试行)》《民用无人驾驶航空器系统空中交通管理办法》《无人驾驶航空器飞行管理暂行条例》《民用无人驾驶航空器运行安全管理规则》《轻小型民用无人机飞行动态数据管理规定》《民用无人驾驶航空器实名制登记管理规定》《特定类无人机试运行管理规程(暂行)》等。

下面介绍几条需要飞手特别注意的法规。

(1)《民用无人驾驶航空器实名制登记管理规定》提出：自 2017 年 6 月 1 日起，最大起飞重量为250克以上(含250克)的民用无人机要进行实名登记。

2017年8月31日后,民用无人机拥有者,如果未按照规定实施实名登记和粘贴登记标志的,其行为将被视为违反法规的非法行为,其无人机的使用将受影响,监管主管部门将按照相关规定进行处罚。

(2)《民用无人驾驶航空器系统空中交通管理办法》第五条规定,除满足以下全部条件的情况外,应通过地区管理局评审:

①机场净空保护区以外;

②民用无人驾驶航空器最大起飞重量小于或等于7千克;

③在视距内飞行,且天气条件不影响持续可见无人驾驶航空器;

④在昼间飞行;

⑤飞行速度不大于120km/h;

⑥民用无人驾驶航空器符合适航管理相关要求;

⑦驾驶员符合相关资质要求;

⑧在进行飞行前驾驶员完成对民用无人驾驶航空器系统的检查;

⑨不得对飞行活动以外的其他方面造成影响,包括地面人员、设施、环境安全和社会治安等。

⑩运营人应确保其飞行活动持续符合以上条件。

评审步骤与评估内容

评审的步骤为运营人员向空管单位提出使用空域申请,要求对空域内的运行安全进行评估并形成评估报告。地区管理局对评估报告进行审查或评审,然后给出结论。

评估内容至少包括民用无人驾驶航空器系统基本情况、飞行性能、感知与避让能力、活动计划、适航证件(特殊适航证、标准适航证和特许飞行证等)、驾驶员基本信息和执照情况、民用无人驾驶航空器系统故障时的紧急程序等。

(3)2016年9月发布的《民用无人驾驶航空器系统空中交通管理办法》提出:民用无人驾驶航空器仅允许在隔离空域内飞行。

(4)《民用无人驾驶航空器系统空中交通管理办法》第十条规定:民用无人驾驶航空器飞行应当为其单独划设隔离空域,明确水平范围、垂直范围和使用时段。可在民航使用空域内临时为民用无人驾驶航空器划设隔离空域。

2016年7月11日,中国民用航空局飞行标准司下发了《民用无人机驾驶员管理规定》，对无人机驾驶员实施了分类管理，规定有些情况下无须持有驾驶执照，有些情况下必须持有驾驶执照。无人机分类管理如表 2-4-1 所示。

表 2-4-1　无人机分类管理

分类等级	空机重量/kg	起飞全重/kg
Ⅰ	0<W≤1.5	
Ⅱ	1.5<W≤4	1.5<W≤7
Ⅲ	4<W≤15	7<W≤25
Ⅳ	15<W≤116	25<W≤150
Ⅴ	植保类无人机	
Ⅵ	无人飞艇	
Ⅶ	超视距运行的Ⅰ、Ⅱ类无人机	
Ⅺ	116<W≤5700	150<W≤5700
Ⅻ	W>5700	

① 实际运行中，Ⅰ、Ⅱ、Ⅲ、Ⅳ、Ⅺ类分类有交叉时，按照较高要求的一类分类。

② 对于串、并列运行或编队运行的无人机，按照总重量分类。

③ 地方政府(例如当地公安部门)对于Ⅰ、Ⅱ类无人机重量界限低于表 2-4-1 规定的，以地方政府的具体要求为准。

下列情况下，无人机系统驾驶员自行负责，不需要证照管理：

① 在室内运行的无人机；

② Ⅰ、Ⅱ类无人机(如运行需要，驾驶员可在无人机云系统进行备案。备案内容应包括驾驶员真实身份信息、所使用的无人机型号，并通过在线法规测试)；

③ 在人烟稀少、空旷的非人口稠密区进行试验的无人机。

下列情况下，无人机驾驶员由行业协会实施管理，局方飞行标准部门可以实施监督：

① 在隔离空域内运行的除Ⅰ、Ⅱ类以外的无人机；

② 在融合空域内运行的Ⅲ、Ⅳ、Ⅴ、Ⅵ、Ⅶ类无人机。

③ 在融合空域运行的Ⅺ、Ⅻ类无人机，其驾驶员由局方实施管理。

无人机系统的有关概念

无人机云系统是指轻小型民用无人机运行动态数据库系统，用于向无人机用户提供航行服务、气象服务等，对民用无人机运行数据(包括运营信息、位置、高度和速度等)进行实时监测。接入系统的无人机应即时上传飞行数据，无人机云系统对侵入电子围栏的无人机具有报警功能。

融合空域是指有其他有人驾驶航空器同时运行的空域。隔空区域，指的是专门分配给无人驾驶航空器系统运行的空域，通过限制其他航空器的进入以规避碰撞风险。

无人机在信息采集上有能力超群、得天独厚的优势，但也会涉及个人或商业隐私问题。无人机企业在展开拍摄服务时，应当同时做好侦测工作，通过技术或人力进行"马赛克"，对人脸、门牌、车牌等进行模糊化处理。

📝 任务实施

运用所学知识分析以下案例。

案例一：2021 年 10 月中旬，一名摄影爱好者为了拍摄独家素材，擅自进行无人机航拍。未料想，无人机刚刚在北京亚运村地区起飞，就被朝阳群众举报了。民警将私自航拍的违法人员孙某在家中抓获，当场起获无人机一架。孙某对未经审批擅自拍摄的行为供认不讳。孙某称，因想卖独家素材挣钱，所以私自进行了无人机航拍。

请思考：孙某的行为违反了哪些无人机飞行的法律法规？

_____

_____

_____

案例二：2021 年 4 月 21 日，接平台预警，萧山经济技术开发区鸿达路附近(机场禁飞区域)有无人机飞行。萧山区公安分局巡特警大队 PTU 及无人机小队迅速前往现场查处，当场查获一架正在飞行的无人机。经查，这个无人机是杭州某广告公司的，该公司应某开发商邀请为其小区拍摄广告宣传片。

请思考：上述行为违反了哪些无人机飞行的法律法规？

_____

_____

_____

📋 任务评价

根据任务实施情况进行评价，填写任务评价表。

任务评价表

班级		组名		姓名	
出勤情况					
评价内容	评价要点	考查要点		分数	分数评定
查阅文献情况	任务实施过程中文献查阅	已经查阅信息资料		20分	
		正确运用信息资料			
互动交流情况	组内交流，教学互动	积极参与交流		30分	
		主动接受教师指导			
任务完成情况	任务准备情况	了解无人机飞行的法律法规		10分	
		上网搜集资料，了解无人机飞行的最新规定		10分	
	任务完成情况	正确检索需要的资料		15分	
		正确评价无人机分类管理		15分	
合计				100分	

📝 练习与提升

1. 说一说你知道哪些无人机飞行的法律法规。
2. 制定无人机飞行法律法规的目的是什么？
3. 搜集资料说一说国外相关法规有哪些。

🗒 项目小结

本项目介绍了无人机飞行安全的基础知识、安全管理机构、飞行与运营、飞行相关的法律法规等内容。用一句话来概括本项目的主要内容，即安全第一，严格遵守当地法规，时刻绷紧安全弦。如果在飞行过程中，有执法部门要求停止飞行，飞手要按照要求终止飞行。如果觉得飞行不安全，或者对自己的操控技术没有信心，建议不要莽撞尝试。

项目 3
无人机飞行操控

项目描述

要驾驶一架飞机之前，肯定要先在飞行学校学习飞机驾驶技能，如学习飞行的相关理论，以及飞机的操控和安全起降等。同样地，驾驶无人机飞行前也要学习相应的驾驶技能。本项目对无人机的操控技术进行学习。只要大家认真阅读并活学活用，相信大家很快就能成为操作熟练的飞手。

知识目标

1. 了解多旋翼无人机的飞行原理。

2. 了解飞行前检查的内容。

3. 认识无人机的飞行模式。

能力目标

1. 能够进行飞行前的检查，并校准指南针。

2. 能够进行无人机飞行训练。

素质目标

1. 培养学生的责任感，使其具有严谨、认真、细致的工作作风。

2. 培养具有团队精神、合作意识、协调能力和组织管理能力的高素质人才。

任务 3.1　多旋翼无人机飞行原理

驾驭无人机，要充分了解其飞行原理，下面我们就来学习多旋翼无人机的飞行原理，为后面学习飞行做准备。

▣ 知识准备

3.1.1　流体的基本特性

1. 流体的可压缩性

对流体施加压力，流体的体积会发生变化。在一定温度条件下，具有一定质量流体的体积或密度随压力变化而改变的特性，称为可压缩性(或称弹性)。

2. 流体的声速

声速 c 是指声波在流体中传播的速度，单位是 m/s。

3. 流体的黏性

一般情况下，摩擦有外摩擦和内摩擦两种。一个固体在另一个固体上滑动时产生的摩擦称为外摩擦，而同一种流体相邻流动层间相对滑动时产生的摩擦称为内摩擦，又称流体的黏性。

4. 流体的传热性

流体的传热性也是流体的一个重要物理属性。当流体中沿某一方向存在着温度梯度时，热量就会由温度高的地方传向温度低的地方，这种性质称为流体的传热性。

相对运动原理：物体在静止的空气中运动或气流流过静止的物体，如果两者相对速度相等，则物体上所受的空气动力完全相等，这个原理称为相对运动原理。

3.1.2　气流流动的基本原理

1. 连续性原理

流体的连续性原理指出当流体稳定连续地流过一个粗细不等的管子时，如图 3-1-1

所示，由于管子中任一部分的流体都不能中断或堆积起来，因此，在同一时间内，流进任一切面的流体质量可见。连续性原理实质上是质量守恒定律在流体中的应用。

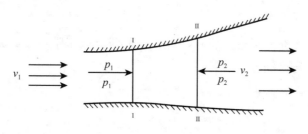

图 3-1-1　连续性原理示意图

根据连续性原理，空气流过管子任意两切面的流量应该相等，即

$$\rho_1 \cdot v_1 \cdot A_1 = \rho_2 \cdot v_2 \cdot A_2 \tag{3-1-1}$$

式(3-1-1)称为流体的连续性方程。从式中可以看出，气流速度的大小是由切面面积和密度两个因素决定的。

2. 伯努利定理

当空气稳定连续地流过一条流管时，流速快的地方压力小，流速慢的地方压力大。这就是伯努利定理的基本内容。

伯努利定理的数学表达式(伯努利方程)为：

$$\frac{1}{2}\rho v^2 + p = p_0 \tag{3-1-2}$$

3. 地面效应

地面效应是一种使飞行器诱导阻力减小，同时能获得比空中飞行更高升阻比的流体力学效应：当运动的飞行器掉到距地面(或水面)很近时，整个飞行器体的上下压力差增大，升力会陡然增加。

3.1.3　作用在无人机上的空气动力

1. 升力的产生

作用在无人机上的空气动力包括升力和阻力两部分。升力主要靠机翼来产生，并用来克服无人机自身的重力，而阻力要靠发动机产生的推力来平衡，这样才能保证无人机在空中水平等速直线飞行，如图 3-1-2 所示。

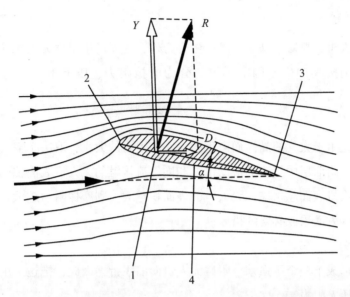

1—空气动力作用点；2—前缘；3—后缘；4—翼弦翼型和作用在翼型上的空气动力

图 3-1-2　升力的产生

2. 影响无人机升力的因素

(1) 机翼面积的影响。

(2) 相对速度的影响。

(3) 空气密度的影响。

(4) 机翼剖面形状和迎角的影响。

升力公式为：

$$Y = \frac{1}{2} C_y \rho v^2 S \qquad (3\text{-}1\text{-}3)$$

3. 增升装置

为了使无人机在尽可能小的速度下产生足够的升力，提高无人机的起飞和着陆性能，需要采用增升装置。

增升原则：

(1) 改变机翼剖面形状，增大机翼弯度。

(2) 增大机翼面积。

（3）改变气流的流动状态，控制机翼上的附面层，延缓气流分离。

4. 阻力

空气与无人机做相对运动时，除产生升力外，还要产生阻碍无人机前进的阻力。

无人机阻力按其产生原因的不同，分为摩擦阻力、压差阻力、诱导阻力、干扰阻力。

1）摩擦阻力

摩擦阻力是由于大气的黏性而产生的。摩擦阻力的大小，取决于空气的黏性、无人机表面的状况、附面层中气流的流动情况和同气流接触的无人机表面积的大小。空气的黏性越大，无人机表面越粗糙，无人机的表面积越大，则摩擦阻力越大。为了减小摩擦阻力，应在这些方面采取必要的措施。

2）压差阻力

翼型前后形成了一个压强差，阻碍无人机向前飞行，因此，把这个由前后压强差形成的阻力叫作压差阻力。

压差阻力与物体的迎风面积有很大关系，物体的迎风面积越大，压差阻力也越大。物体的形状对压差阻力也有很大影响。

为了减小无人机的压差阻力，应尽量减小无人机的最大迎风面积，并对无人机的各部件进行整流，做成流线型。

3）诱导阻力

诱导阻力是伴随着升力而产生的，由升力诱导而产生的阻力称为诱导阻力。诱导阻力与机翼的平面形状、翼剖面形状、展弦比等有关。可以通过增大展弦比，选择适当的平面形状。

4）干扰阻力

所谓干扰阻力就是无人机各部件组合到一起后由于气流的相互干扰而产生的一种额外阻力。干扰阻力和无人机不同部件之间的相对位置有关，因此，在设计时要妥善地考虑和安排各部件的相对位置，必要时在这些部件之间加装流线型的整流片，使连接处圆滑过渡，尽量减少旋涡的产生。

3.1.4 无人机的稳定性和操纵性

1. 多旋翼无人机结构形式

旋翼对称分布在机体的前后、左右四个方向，四个旋翼处于同一高度平面，且四个旋翼的结构和半径都相同，四个电机对称地安装在飞行器的支架端，支架中间空间安放飞行控制计算机和外部设备。多旋翼无人机结构形式如图3-1-3所示。

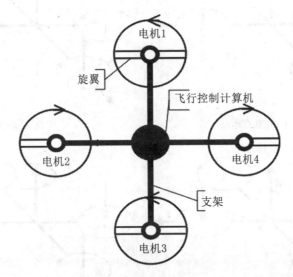

图3-1-3 多旋翼无人机结构形式

2. 工作原理

四旋翼飞行器通过调节四个电机转速来改变旋翼转速，实现升力的变化，从而控制飞行器的姿态和位置。四旋翼飞行器是一种六自由度的垂直升降机，但只有四个输入力，同时却有六个状态输出，所以它又是一种欠驱动系统。（见图3-1-4）

📝 任务实施

按照下列引导问题进行自主学习，养成自主探究、独立思考的习惯。

（1）影响无人机升力的因素有哪些？

_____

_____

（2）什么是连续性原理？

_____

_____

_____

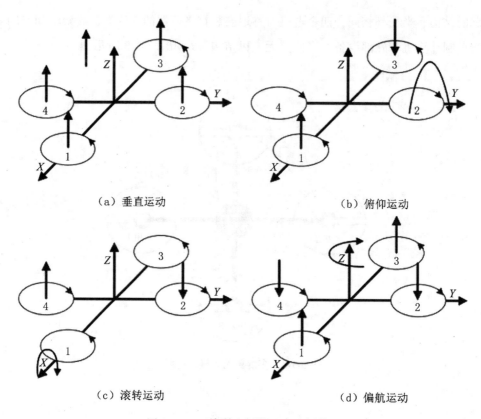

（a）垂直运动　　　　　　　　（b）俯仰运动

（c）滚转运动　　　　　　　　（d）偏航运动

图 3-1-4　四旋翼飞行器运动示意图

(3)简述四旋翼飞行器的飞行原理。

_____

_____

_____

任务评价

根据任务实施情况进行评价，填写任务评价表。

任务评价表

班级		组名		姓名	
出勤情况					
评价内容	评价要点	考查要点		分数	分数评定
查阅文献情况	任务实施过程中文献查阅	已经查阅信息资料		20分	
		正确运用信息资料			

续表

评价内容	评价要点	考查要点	分数	分数评定
互动交流情况	组内交流，教学互动	积极参与交流	30分	
		主动接受教师指导		
任务完成情况	任务准备情况	了解四旋翼飞行器的工作原理	10分	
		掌握四旋翼飞行器的基本结构	10分	
	任务完成情况	正确认识无人机的基本结构	15分	
		正确认识四旋翼无人机的工作原理	15分	
合计			100分	

📝 练习与提升

1. 简述增升原则。
2. 四旋翼无人机的结构是什么？
3. 搜集资料，说一说你对四旋翼无人机的认识。

任务 3.2　飞行前检查及指南针校准

在操纵无人机飞行前，要对其进行检查，以防意外事故发生。通过查阅资料，我们了解到飞行检查一般包括起降地点、飞行条件、电池状态等，并且检查完成后要进行指南针校准。下面就来学习此部分内容。

📖 知识准备

3.2.1　飞行前检查

在操控无人机上天飞行前，我们需要做以下几项检查，以确保长时间的安全飞行。

（1）起降地点：起飞要选择水平且视野开阔的地方。不仅要考虑起飞，还要计划好降落地点。降落地点同样要求空旷且没有人、动物、树木等障碍物。同时留意起降点的一些金属物，它们可能会干扰无人机指南针的工作。我们所选择的起飞点也会默认为无人机的故障返航点。关于故障返航点的设定，可以通过问以下几个问题来确定：这个地方是否足够空旷可以降落无人机？无人机在返航途中是否会碰到树木或电线？

（2）飞行条件：确保风力不会影响无人机的安全飞行。注意避免在雨天或大雾天气飞行无人机，这是因为：第一，雨水或水汽会损坏电子设备；第二，无人机飞行对能见度有要求，我们要在视线范围内进行飞行。除了气象条件，飞手还需在应用程序上查看航拍区域是否允许飞行拍摄，是否远离机场等禁飞区。

（3）电池状态：确保所有设备的电池都已充满，包括遥控器的电池、监视器或移动设备的电池及无人机的电池；同时，还要确定电池的工作状态是否良好，检查电池是否膨胀或损坏。

（4）磨损程度：确保无人机及其他装置没有损坏，如螺旋桨上没有缺口，无人机外壳上没有裂纹等。如果无人机的螺旋桨出现了缺口或变形，使用时会影响到机身的平衡，严重的还会造成相机振动，进而导致拍出来的照片模糊。

（5）零件固定：确保无人机的所有零件紧紧固定且状态良好，尤其是所有的螺旋桨，确保无人机在飞行中不会有松动部件脱落。

（6）固件版本：固件是指无人机内部的计算机与无人机硬件连接的程序。在飞行前，飞手要确定无人机已经更新最新固件。如果有新的固件升级，大疆或 3DR 的无人机都会提示。

（7）IMU 和指南针校准：当 IMU 惯性测量单元和指南针没有准确运行时，系统会给予警告。飞手可以在 App 应用中对 IMU 和指南针进行校准。校准完成后，可以看到屏幕飞行器状态提示栏变为绿色并显示"可安全飞行"，如图 3-2-1 所示。

图 3-2-1　安全飞行提示

注意：更换电池后需要做以下检查。

(1)如果无人机在 GPS 模式下飞行，要确保锁定 GPS 信号。

(2)确定相机内已经插入存储卡，并且要确保存储卡插入正确。

3.2.2 指南针校准

检查并校准无人机上的电子指南针是一项相当重要的工作，有助于确保系统准确标记无人机的位置。无人机的安全返航功能及遥测功能都需要指南针运行准确。建议在飞去一个新地点前对指南针进行一次校准。

指南针校准(图 3-2-2)的过程是将无人机的指南针进行 360°垂直和水平旋转。校准工作需要在室外进行，周围不受有线和无线电波干扰，并且远离大型金属物。此外，校准人员还要检查自己身上有没有带有磁性的物体，如手机、汽车钥匙等。

图 3-2-2 指南针校准

具体校准方法如下：

(1)在应用程序上选择"指南针校准"进入校准模式。对于大疆无人机，还可以通过迅速开闭 5 次 GPS 开关，打开校准模式。进入后，无人机指示灯就会转变成黄色常亮，表明已经成功进入校准模式。

(2)抓住无人机水平顺时针方向旋转 60°，这时指示灯显示绿色常亮。

(3)将无人机机头朝下，电池朝向自身，然后进行 360°旋转。直到指示灯为闪烁的绿灯，表明已经成功校准了无人机的指南针。

　　若飞行器状态指示灯显示红、黄灯交替闪烁，则说明校准失败。飞手可以重复上面的动作。若还未成功，则必须更换校准场地，远离遮蔽卫星信号的障碍物。如果指示灯为闪烁的红灯，需要利用应用程序对指南针进行校准。在这种情况下，需要通过应用程序中的指南针校准选项进行一次完整的校准，之后再进行一次指南针校准。

✍ 任务实施

　　根据所学知识进行飞行前的检查，并填写实施过程记录表。

实施过程记录表

无人机飞行前的检查及 指南针校准	任务工单	班级：
		姓名：
1. 飞行前检查的步骤：		
2. 指南针校准。		
总结与提升：		

🗒 任务评价

　　根据任务实施情况进行评价，填写任务评价表。

任务评价表

班级		组名		姓名	
出勤情况					

续表

评价内容	评价要点	考查要点	分数	分数评定
查阅文献情况	任务实施过程中文献查阅	已经查阅信息资料	20 分	
		正确运用信息资料		
互动交流情况	组内交流，教学互动	积极参与交流	30 分	
		主动接受教师指导		
任务完成情况	任务准备情况	搜集资料了解关于飞行前检查的更多知识	10 分	
		认识指南针对于无人机的重要作用	10 分	
	任务完成情况	正确检索需要的资料	15 分	
		正确进行无人机飞前检查与指南针校准	15 分	
合计			100 分	

练习与提升

1. 简述进行指南针校准的必要性。
2. 如何进行飞行前检查？
3. 简述进行指南针校准的步骤及注意事项。

任务 3.3 操控飞行基础

在了解了无人机的基本知识及相关法规后，可以开始配置无人机并进行基础飞行。下面以 DJI GO 4 为例，介绍无人机的配置及基础飞行的操作手法。

知识准备

3.3.1 配置无人机

1. 下载 App

下载 DJI GO 4 App。

2. 激活飞行器

第一次使用需要注册大疆账号并激活飞行器，如图 3-3-1 所示。

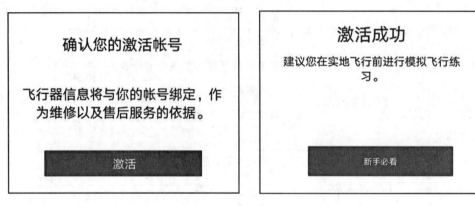

图 3-3-1　激活飞行器

3. 固件升级

激活完成后会提示固件更新，如图 3-3-2 所示。

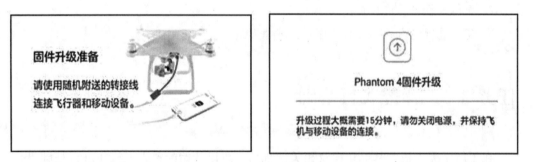

图 3-3-2　固件升级

3.3.2　认识遥控器

遥控器如图 3-3-3 所示，其中数字含义如表 3-3-1 所示。

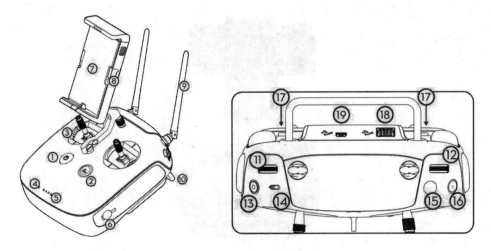

图 3-3-3　遥控器示意图

表 3-3-1　遥控器各部位名称

序　号	功　　能	序　号	功　　能
1	电源开关	11	云台俯仰拨轮
2	一键返航	12	相机设置转盘
3	摇杆	13	录影按键
4	遥控器状态指示灯	14	飞行模式切换
5	电池电量指示灯	15	拍照按键
6	充电接口	16	回放按键
7	支架	17	自定义按键
8	卡扣	18	USB 接口
9	天线	19	Micro USB 接口
10	提手		

　　遥控器与手机的连接：将遥控器支架展开，手机放入支架后调整支架，夹紧手机，使用数据线连接手机与遥控器 USB 接口，如图 3-3-4 所示。

　　为了能顺利起飞，要详细了解遥控器的使用方法。大疆精灵 4 Pro 遥控器出厂默认操控方式为"美国手"。具体来说，就是遥控器的左摇杆，负责飞行器的上升卜降、原地顺时针/逆时针旋转；遥控器的右摇杆，负责飞行器在水平位置上的前后左右移动，如图 3-3-5 所示。

图 3-3-4　连接手机与遥控器

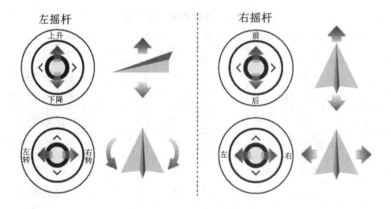

图 3-3-5　操控方式示意图

3.3.3　激活新手模式

　　激活飞行器时，选择"新手模式"，如图 3-3-6 所示。在"新手模式"下，飞行器只能在起飞点 30m 附近飞行，可以先拿来练练手。熟悉后可以在设置(右上角三点处)中关闭"新手模式"。

3.3.4　无人机起飞

1. 飞行前的注意事项

　　(1)起飞前一定要等待 DJI GO 4 App 界面中的飞行状态指示栏显示为"起飞准备完

图 3-3-6 激活新手模式

毕（GPS）"，这样飞行器会自动记录当前位置为返航点，当飞行器发现意外情况时可以点击"自动返航"使飞行器自动返回到返航点。

（2）选择开阔、周围无高大建筑物的场所作为飞行场地。飞行时，保持飞行器在视线控制内，远离障碍物、人群、水面等。

2. 起飞

将飞行器放置在开阔地，操作员离开飞行器到安全距离。点击 DJI GO 4 App 中的"自动起飞"图标，飞行器自动起飞上升到 1.2m 处悬停。也可以手动起飞，将左右摇杆一起摇向内侧下方或外侧下方即可启动旋翼电机，再向上推动油门杆使飞行器上升。

起飞后，使无人机在较低的高度保持 1 分钟左右悬停状态，检查是否发生漂移，如有漂移，需要重新校准。再尝试将无人机向指定方向移动，确保无人机完全在控制之下。

3.3.5 操控平缓飞行

推动油门将无人机上升到安全高度，注意无人机要高于区域内的所有障碍物。推动遥控器摇杆的时候要缓慢推动，确保无人机平缓飞行。

反复练习以上动作，将空间方位识别内化于心。如需加强技能，可以在沿着线路进行飞进飞出训练时，加上右摇杆的左右推动练习。需要注意的是，无人机在面朝使用者时，右摇杆的移动方向与无人机的移动是相反的。

3.3.6 降落无人机

点击 DJI GO 4 App 中的"自动降落"图标，飞行器自动降落并停止旋翼电机。也可以手动降落，缓慢向下拉动油门杆，直至飞行器降落，保持油门杆处在最低位置 2 秒，直至旋翼电机停止，如图 3-3-7 所示。

图 3-3-7　降落

任务实施

根据所学知识填写实施过程记录表。

实施过程记录表

操控飞行基础	任务工单	班级：
		姓名：
将无人机上升到安全高度，推动左摇杆将无人机旋转至背朝操控者。完成操作直行加原地转向运动轨迹，并展示拍摄的图片。		

续表

总结与提升：

任务评价

根据任务实施情况进行评价，填写任务评价表。

任务评价表

班级		组名		姓名	
出勤情况					
评价内容	评价要点	考查要点		分数	分数评定
查阅文献情况	任务实施过程中文献查阅	已经查阅信息资料		20分	
		正确运用信息资料			
互动交流情况	组内交流，教学互动	积极参与交流		30分	
		主动接受教师指导			
任务完成情况	任务准备情况	搜集资料了解无人机飞行的理论知识		10分	
		认识遥控器		10分	
	任务完成情况	能够正确指出遥控器的各部件名称		10分	
		正确进行无人机飞行操作		20分	
合计				100分	

练习与提升

1. 简述无人机飞行有哪些注意事项。

2. 如何操控无人机平缓飞行及降落？

3. 遥控器操控方式为"美国手"时，向上推动遥控器的左摇杆，飞行器将如何行进？

任务 3.4　飞行模式

操控基本飞行所使用的是普通飞行模式，机头面向的方向就是飞行前进的方向。目前，大多数无人机支持高级飞行模式，是为了让无人机的飞行变得更加简单和快捷。在熟练掌握普通飞行模式后，接下来学习高级飞行模式。

🔲 知识准备

3.4.1　GPS 模式

GPS(全球定位系统)模式是最常用的一种模式。在该模式下，无人机使用定位卫星确定自己的位置。此外，GPS 还能帮助无人机建立返航点，在安全返航启动时，引导无人机自动返航并安全降落。如果无人机和遥控器之间的联络出现故障，如电池故障、设备损坏、遥控器失灵等，无人机便会进入安全返航模式，自动降落在返航点上。所以当发生紧急状况时，一定不要慌张，安全返航功能可以保障无人机的安全。此外，当电池电量变少时，许多无人机也会自动进入安全返航模式，在 GPS 的指引下降落到既定的返航点。

3.4.2　ATTI 姿态模式

ATTI 姿态模式使用的是无人机内置的 IMU 惯性测量单元，所以可以在 GPS 信号弱时使用。IMU 惯性测量单元由用于检测运动的加速度计和用于保持直立的陀螺仪组成。当在室内飞行或在有遮蔽的室外飞行时，我们可以使用 ATTI 姿态模式，因为这些地方的卫星信号较弱甚至没有。这时不应使用 GPS 模式，因为无人机很容易被其他信号干扰，导致乱飞甚至坠毁。有些无人机内置视觉定位系统，可探测下方距离，在 ATTI 姿态模式下，配合 IMU 稳定无人机。

有的飞手喜欢使用 ATTI 姿态模式飞行，因为在此模式下飞行更为平滑流畅。GPS 模式带来的飞行修正容易导致运动不够顺畅。还有的飞手在追求快速飞行时会切换至 ATTI 姿态模式。因为该模式下无人机没有卫星信号牵制，所以能够实现更快的飞行速度。

3. 4. 3 航向锁定

航向锁定是一个非常有趣的模式。在该模式下，航向将被锁定为一条直线，无论无人机机头朝向哪里。首先，设定好返航点和起始方向。当我们操控无人机往前飞时，无人机便会按照设定的航向保持直线飞行。我们这时可以操控左摇杆，使无人机的机头旋转，但只要一直向前推右摇杆，无人机便一直沿着设定好的直线飞行，无论机头指向的是哪个方向。这种飞行可以用于拍摄飞越镜头，我们按照既定的线路飞向地面的拍摄目标，在飞越时，可以操控左摇杆和云台，让无人机相机一直对准拍摄对象，如图 3-4-1 所示。

图 3-4-1 航向锁定

3. 4. 4 返航点锁定

在返航点锁定模式下，当我们向自己方向拉右摇杆时，无人机便会向我们飞来，无论机头的朝向和航向。反之，当我们把右摇杆向前推时，无人机就会飞离我们。返航点锁定模式可以实现许多镜头的拍摄。当无人机返回并飞向自己的时候，我们可以旋转相机，这时拍摄的画面就有一种透过飞机舷窗看景色的效果。此外，当我们不知道无人机飞到哪里的时候，可以使用该模式将无人机飞回来。只需将摇杆向自己方向拉，就可以安静地等待无人机螺旋桨转动的声音了，如图 3-4-2 所示。

图 3-4-2　返航点锁定

📝 任务实施

认识飞行模式并填写实施过程记录表。

实施过程记录表

飞行模式	任务工单	班级：
		姓名：
简要叙述你对无人机各种飞行模式的认识。		
总结与提升：		

📋 任务评价

根据任务实施情况进行评价，填写任务评价表。

任务评价表

班级		组名		姓名	
出勤情况					
评价内容	评价要点	考查要点		分数	分数评定
查阅文献情况	任务实施过程中文献查阅	已经查阅信息资料		20分	
		正确运用信息资料			
互动交流情况	组内交流，教学互动	积极参与交流		30分	
		主动接受教师指导			
任务完成情况	任务准备情况	搜集资料了解无人机飞行模式		10分	
		能分辨各种飞行模式的特点		10分	
	任务完成情况	能够正确进行无人机飞行模式切换		10分	
		正确运用无人机的各种飞行模式		20分	
合计				100分	

练习与提升

1. 无人机的高级飞行模式有哪些?
2. 如何操控无人机进行返航点锁定?

任务 3.5　飞行训练

在认识飞行模式后，下面开始学习如何操控无人机完成各组飞行动作。本任务将介绍几组飞行练习，帮助大家全面掌控无人机的飞行，增强自信。

知识准备

1. 上升、停悬、降落

开始飞行时，请确保站在逆风向，这样即使无人机受风影响失去控制，也不会砸向操控人员。启动引擎，将无人机缓慢飞至相对低的安全高度，让无人机在空中悬停。尝试前后操控左摇杆，改变无人机悬停的高度，最后将其缓慢降落着陆，如图 3-5-1 所示。

图 3-5-1　上升、停悬、降落

2. 直线飞行

首先，将无人机飞到安全高度；然后向前推右摇杆操控无人机前倾，并向前飞离我们，飞离一段距离后将无人机悬停；然后回拨右摇杆，将无人机尽可能沿着直线的方向飞回；最后平稳降落。直线飞行如图 3-5-2 所示。

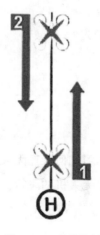

图 3-5-2　直线飞行

3. 方形飞行

在该组练习中，我们将在安全高度使用右摇杆操控无人机沿着方形路线飞行。首先，直线飞出一段距离，悬停在空中。这时再向左拨动右摇杆，无人机即向左直线飞行。飞行一段距离后，悬停，再以直线飞行的方式向我们的方向飞回。最后，向右拨动右摇杆，无人机向右完成正方形航线的飞行，如图3-5-3所示。

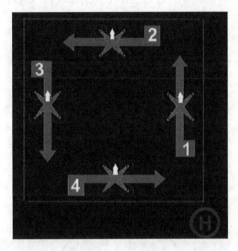

图3-5-3 方形飞行

4. 圆弧飞行

与方形飞行不同的是，这次无人机将按逆时针方向飞行出一个圆弧，如图3-5-4所示。这里我们要细致、缓慢地进行操作，如果遇到了困难，只需将摇杆回至空挡中间位置，让无人机悬停，然后再继续操作。

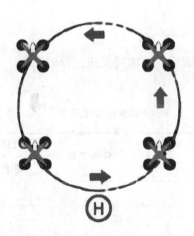

图3-5-4 圆弧飞行

5. "8"字形飞行

首先使用右摇杆操控无人机沿着逆时针方向飞出圆弧形，在完成一个半圆的飞行时，使用右摇杆改变方向沿顺时针飞行，呈"S"形航线再飞出一个半圆弧，在完成半圆后继续飞出整圆。最后改变方向完成一个完整的"8"字形航线，如图 3-5-5 所示。

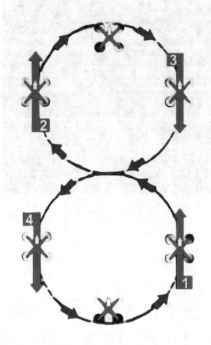

图 3-5-5 "8"字形飞行

✍ 任务实施

根据所学知识进行飞行训练，并填写实施过程记录表。

实施过程记录表

飞行训练	任务工单	班级：
		姓名：
1. 方形飞行。		

续表

2. 圆弧飞行。
3. "8" 字形飞行。
总结与提升:

任务评价

根据任务实施情况进行评价，填写任务评价表。

任务评价表

班级		组名		姓名	
出勤情况					
评价内容	评价要点	考查要点		分数	分数评定
查阅文献情况	任务实施过程中文献查阅	已经查阅信息资料		20分	
		正确运用信息资料			
互动交流情况	组内交流，教学互动	积极参与交流		30分	
		主动接受教师指导			
任务完成情况	任务准备情况	了解无人机飞行的相关练习要点		10分	
		能分辨各种飞行训练的目的		10分	
	任务完成情况	能够正确进行无人机飞行训练		30分	
合计				100分	

练习与提升

1. 进行无人机上升、停悬、降落、直线飞行练习。
2. 进行正方形、圆弧飞行练习。
3. 进行"8"字形飞行练习。

项目小结

本项目介绍了无人机飞行原理、飞行前的检查、操控飞行的方法，以及各种飞行模式、飞行训练等内容。同学们要循序渐进，熟练掌握各种飞行的技能要点，为下一阶段的学习奠定基础。

项目 4
无人机拍摄照片

项目描述

当前，无人机技术迅猛发展，无人机已经成为空中稳定可靠的拍摄平台。对于新的飞手来说，在航拍照片或视频之前，需要掌握摄影的基本法则以及飞行技法，熟练掌握构图取景的技巧，这样才能拍摄出满意的作品。本项目主要介绍常用的摄影法则，拉升镜头、下降镜头、偏仰镜头、前进镜头、俯视镜头等多种飞行技法，以及各种构图取景技巧，以帮助学生熟练操控无人机飞行，轻松航拍各种不同视角的风光。

知识目标

1. 了解摄影常用的法则。
2. 了解无人机拍摄照片的各种飞行技法。
3. 了解构图取景的技巧。

能力目标

1. 能够运用所学知识，拍摄所需的照片。
2. 能够进行构图取景。

素质目标

培养学生独立思考、解决问题的能力，充分掌握无人机的相关基础知识，通过交流、合作、对比、总结等方式进行团队协作的综合素质提升。

任务 4.1　摄影的基本法则

　　无人机航拍，实际上是通过一系列操控改变相机取景的内容。与地面拍摄面对的二维空间不同，航拍需要考虑第三个维度——高度。一些摄影法则同样适用于航拍。下面我们就来学习摄影的基本法则。

📋 知识准备

4.1.1　三分法(九宫格)构图

　　大多数情况下，把拍摄主体放在画面中心位置会让图片缺乏生机和趣味，因为我们感受不到主体的动态以及图片的张力。但也有例外，如图 4-1-1 所示，我们在拍摄对称效果的图片时就需要把主体放到中心。

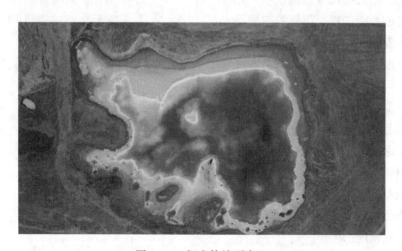

图 4-1-1　把主体放到中心

　　三分法构图的具体方法是，将场景用两条竖线和两条横线平均分割，形成一个"井"字九宫格(图 4-1-2)，这样就把图片分成了九块。把图片的主体或者兴趣中心放到横竖线的交点，这样构图下的图片看起来更为舒适。特别是当摄影主体指向画面的中心位置时，读者的视觉注意力就会被吸引，并在构图的引导下完成图片的整体阅读。

　　在许多航拍摄影的应用程序中，我们可以设定在监视器上显示九宫格辅助线，帮助

图 4-1-2 三分法构图

我们构图。这些网格线用处很多，如查看水平线是否水平。在具体操作中，我们可以使用三分法规则来"分割"天空和海洋，或者其他元素。一般情况下，不要把地平线放到图片中间。我们可以把地平线放到占据图片 2/3 处；如果天空的内容较为丰富，可以尝试把天空占据图片的 2/3，如图 4-1-3 所示。

图 4-1-3 天空占据 2/3 的案例

目前，航拍相机和云台只支持水平方向拍摄横片，如果我们要拍摄竖片，要么通过后期裁剪，要么把横片纵向合成全景图。

4.1.2 改变视角，改变照片

很多人看到一些有趣的事物，就停下脚步拍照。他们停留在最初看到景象的位置，拍到一张看起来还不错的照片。但要想得到更好的影像，我们需要多尝试不同的角度，可以围着被拍摄物体转一转，从不同角度观察并记录拍摄物体的形象。我们会注意到，在变换位置时，拍摄主体与背景之间的关系发生着变化，光线、对比度也随之变化。摄影需要多投入精力尝试不同角度，一定能找到好的构图。图 4-1-4 所示为拍摄高度对构图的影响。

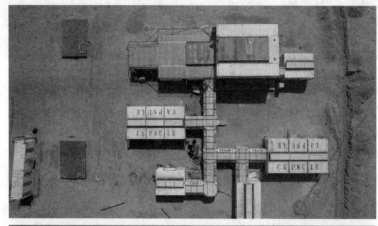

图 4-1-4 拍摄高度对构图的影响

对于航拍，视角变化对图片带来的改变是巨大的。与地面摄影不同，航拍可以水平 360°、垂直 180°改变视角。在航拍时，我们可以首先围绕着画面主体飞一圈，找到最佳拍摄的角度，然后选择合适的高度。例如拍摄日落，我们可以通过飞高或飞低，选择最能够展现太阳轮廓的高度。此外，通过改变高度，我们可以改变背景与主体之间的位置关系，以增强主体和背景的对比。

4.1.3　在取景中突出拍摄主体

在取景时，让拍摄主体占据更多画面可以有效减少视觉上的混乱，使照片的主题更加明确。通常情况下，为了突出主体，摄影师或选择焦段较长的镜头，或使用变焦镜头拉近，或离拍摄对象更近，当然也可以后期对照片进行裁剪。若是使用定焦镜头（无人机大多使用定焦镜头），只能通过位移改变焦距。

当我们靠近拍摄对象时，图片的氛围会发生改变：远观变为近看，读者从极目远眺变得身临其境，于是更能产生情感上的接近和共鸣。并不是所有拍摄都要这种近距离的取景。比如全景图，那种宏观的视角正是其吸引人的地方。如果说大气的全景图可比作扩音器，那么细腻的特写就是耳边的细语，各有各的魅力所在。

大多数无人机机载镜头是广角的定焦头，无法实现变焦，焦段也不够长。所以，使用无人机实现主体的突出，只能降低飞行高度离拍摄主体更近一些。如果现场条件允许，我们可以站在拍摄主体不远处操控无人机。这样做的原因是为了更好感知无人机与被摄物体的距离，因为在近距离时我们对高度和距离的感知更好，超过9m后，人的距离感就会大幅减弱。我们也可以使用第一人称视角监视器。但如果需要飞到离被摄物体很近的位置，则需要一名观察员帮助我们观察无人机的位置。在操控无人机靠近人们拍摄时，一定要注意安全，一定不要离人太近。近距离拍摄的画面如图4-1-5所示。

图 4-1-5　近距离拍摄的画面

4.1.4　前景的使用与兴趣点的设置

在摄影构图过程中，我们可以变换角度，有意地为画面增加前景。前景的加入可以提升影像的可读性、趣味性和纵深感。通常，人们在观看影像时，会首先被近处的前景吸引，然后视觉注意力转移到后面的中景或远景，如图 4-1-6 所示。所以，如果缺少了前景元素，一张远距离拍摄的照片也就会失去视觉重心，人们在看图时不知从哪里开始。

图 4-1-6　带有前景的图片

在设置前景时，我们要注意增添的是趣味，而不是视觉干扰。构图中设置前景的目的是引起读者关注，而不是分散读者的注意力。前景可以是一些交代图片环境的元素，或是与主体形成反差，进而凸显主体的色彩。

由于无人机使用的大多是小相机和广角镜头，所以航拍一般只能拍摄远距离的宏观景象。但是相比于地面拍摄，航拍的自由度较高。所以，在构图中添加前景对于航拍来说并不是难事。如果我们找不到合适的前景，可以试着往后飞一点，一棵树、一片海，总能找到合适的景物作为前景。

4.1.5　构图中的视觉引导线

在摄影构图中，有些物体可以自然而然地引导读者的眼球完成影像的阅读，我们称之为视觉引导线。它们可以是自然中存在的线条，如河流、海岸线、石头缝、树木等；也可以是人造的，如道路、铁轨、电线、路径、农田、建筑等。总之，在摄影时，我们要主动寻找并利用视觉引导线为影像带来不同风格。笔直的视觉引导线充满力量，能够迅速吸引并引领人们的视线；而弯曲的视觉引导线则以一种更为轻松且带有节奏的方式引导着人们视觉。

在航拍摄影中，我们有机会看到一些在地面上无法察觉的视觉引导线，如图 4-1-7 所示。如果找到合适的视觉引导线，我们便可以自由地操控无人机，利用它们实现构图。此外，航拍俯视角度下的树木、电线杆、烟囱等形成的线条也可以被当作视觉引导线，在构图中利用。而这种效果在地面是永远实现不了的。

图 4-1-7　视觉引导线示例

4.1.6　图片背景的控制

除了前景，背景也值得我们关注。图片的背景要干净、简洁，不能对图片的主体产生视觉干扰。我们一定都见过这样的图片：背景上的树木恰好"长在"拍摄对象的头上。在构图时，我们要极力避免这种背景干扰主体的情况，要变换角度，让背景中的线条更好地与主体形成反差以突出主体。同样，如果图片的前景颜色明亮，那就需要找一个稍微暗一点的背景，以产生对比、突出主体。在处理背景问题上，常规摄影还可以通过控制景深，实现背景与主体的区别。我们可以根据实际情况，使用较浅的景深，实现背景的模糊虚化，突出视觉主体。

无人机摄影不大可能通过控制景深实现背景的虚化，此时可以另辟蹊径，尝试借助雾气、尘埃或者逆光来实现背景和主体的分离，进而产生图片的纵深感。

航拍可以通过改变高度来改变图片前景和背景的比例，甚至可以把中景压缩到背景之中。航拍可以在安全前提下随心所欲地改变视角和构图。

所以说，航拍在构图上的最大优势在于可控的拍摄高度。我们一定要在航拍中灵活运用这一点。

4.1.7 摄影光线的选择及黄金时段

1. 摄影光线的选择

摄影是一门捕捉光线的艺术，所以选择在一天中的正确时段拍摄至关重要。在户外拍摄的时候，太阳是光源。晴好天气正午时分的光线十分刺眼，物体的影子很硬，景物因为缺少影子的衬托而缺乏立体感和清晰的轮廓。此外，正午时分强烈的直射光还易产生眩光。所以，许多摄影师会尽量避免在这种不理想的光线下进行户外摄影。如果是阴天多云天气，云彩就如同柔光罩一样，将阳光散射。这种天气下的光线较为柔和，不易产生阴影，很适合拍摄细节以及自然的颜色。

2. 摄影的黄金时段

日出和日落时分是摄影的黄金时段。日出日落时，太阳在天空中的位置较低，阳光经过云彩或污染物的折射和散射变成金黄柔和的光线。在这一时段，物体的影子一般会很长，从高处看会很有趣。黄金时刻一般持续一小时，即在日落之前的一小时或日出之后的一小时。

✍ 任务实施

根据所学知识训练摄影的基本法则，并填写实施过程记录表。

实施过程记录表

摄影的基本法则	任务工单	班级：
		姓名：
1. 运用三分法构图拍摄学校的图片。		

续表

2. 在不同高度拍摄学校图片，说一说高度对构图的影响。
3. 分别在日出时分和日落时分拍摄学校图片，分析其有何特点。
总结与提升：

任务评价

根据任务实施情况进行评价，填写任务评价表。

任务评价表

班级		组名		姓名	
出勤情况					
评价内容	评价要点	考查要点		分数	分数评定
查阅文献情况	任务实施过程中 文献查阅	已经查阅信息资料		20 分	
		正确运用信息资料			
互动交流情况	组内交流，教学互动	积极参与交流		30 分	
		主动接受教师指导			
任务完成情况	任务准备情况	了解摄影的基本法则		10 分	
		能正确运用各种摄影法则进行航拍摄影		10 分	
	任务完成情况	能够正确进行无人机航拍摄影的构图		30 分	
合计				100 分	

📝 **练习与提升**

1. 利用三分法构图拍摄图片，说一说这么做的原因。

2. 如何利用构图中的视觉引导线进行航拍？

3. 运用所学知识进行航拍，并说明用到的摄影原则有哪些。

任务 4.2 拍摄照片飞行技法

认识摄影的基本法则后，下面我们来学习拉升镜头、下降镜头、俯仰镜头、前进镜头、俯视镜头以及后退镜头的飞行技法，以便掌握无人机的基本飞行技法，轻松航拍出各种不同视角的风光。

📋 **知识准备**

4.2.1 拉升拍法

拉升镜头(图 4-2-1)是无人机航拍中最常规的镜头，无人机起飞的第一件事就是拉升飞行，只要将无人机起飞，就可开始拍摄。拉升镜头是视野从低空升至高空的一个过程，直接展示了航拍的高度魅力。当我们拍摄建筑物的时候，可以从下往上拍摄，全面展示建筑的全貌，这样的拉升镜头极具魅力。

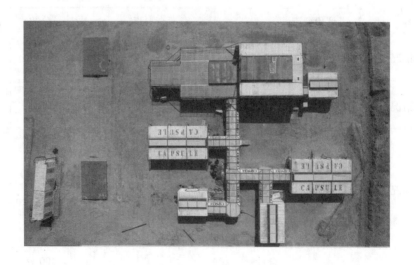

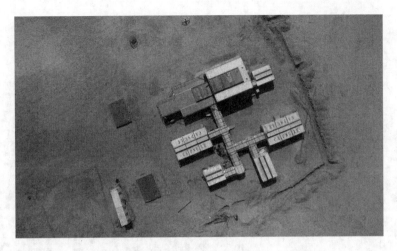

图 4-2-1 拉伸镜头示例

我们在航拍这段拉伸镜头的时候，只需要将左摇杆缓慢向上推动即可，无人机将慢慢上升，拍出整个建筑的全貌。在上升的过程中，大家要看一下无人机的上空是否有树叶遮挡，如果有障碍物的话，要及时规避，找一个空旷的地方飞行。

4.2.2 拉升向前拍法

我们在航拍拉升镜头的时候，如果前面有一个前景遮挡，需要慢慢地上升，露出后面的大景，这样的效果是非常吸引人的。无人机在升高的时候，前面有建筑物遮挡，当无人机越飞越高之后，慢慢露出了需要拍摄的地标建筑，然后继续向上拉升的同时向前飞行，使地标越来越近，这样的效果也很震撼，如图 4-2-2 所示。

图 4-2-2　拉升向前拍法示例

航拍这段拉升向前镜头的具体操作如下。

(1)将左摇杆缓慢向上推动,无人机将慢慢上升,越过前景,露出后面的地标建筑。

(2)将右摇杆缓慢向上推动,无人机即可拉升向前飞行。

4.2.3　拉升穿越拍法

拍摄平流雾时,我们可以采用拉升的镜头一直向上飞行,然后穿过平流雾,如图4-2-3所示。

按照目前国家针对无人机的管理规定,在视距范围内飞行无须证照,这个视距范围

图 4-2-3 平流雾拍摄

就是 500m 距离、120m 高度，一般大家可以设置在这两个数值范围内。如果飞手有足够的能力去操控无人机，根据拍摄需求可以临时再加大一点飞行范围。

如果大家想设置更远的飞行距离，可以在"飞控参数设置"界面中点击"距离限制"右侧的按钮，进行相关的距离设置。

4.2.4 拉升俯拍拍法

拉升俯视会让镜头画面越来越广，展示出一个大环境。拉升时无人机垂直向上飞行，逐步扩大视野，然后慢慢俯视地面景色，画面中不断显示周围的环境，如图 4-2-4 所示。

图 4-2-4　拉升俯拍拍法示例

航拍这段拉升俯拍镜头的具体操作如下。

(1)将左摇杆缓慢向上推动,无人机将慢慢上升。

(2)左手食指拨动遥控器背面的"云台俯仰"拨轮,实时调节云台的俯仰角度到垂直90°,即可完成这段镜头的拍摄。

4.2.5　下降拍法

航拍图 4-2-5 所示下降镜头的具体操作如下。

(1)将左摇杆缓慢往下推动,无人机将慢慢下降。

(2)左手食指拨动遥控器背面的"云台俯仰"拨轮,实时调节云台的俯仰角度,将焦点对准拍摄对象,即可完成这段镜头的拍摄。

图 4-2-5　下降拍法示例

4.2.6　下降俯仰拍法

航拍图 4-2-6 所示下降俯仰镜头的具体操作如下。

图 4-2-6　下降俯仰拍法示例

（1）将左摇杆缓慢往下推动，无人机将慢慢下降。

（2）同时，将右摇杆缓慢向上推动，无人机即可向前飞行，慢慢靠近光明金融大厦顶。

（3）左手食指拨动遥控器背面的"云台俯仰"拨轮，实时调节云台的俯仰角度，将焦点对准光明金融大厦顶，拍摄出浦西大环境，即可完成这段镜头的拍摄。

4.2.7　俯仰拍法

俯仰镜头是指镜头的向上或向下运动，俯仰镜头很少单独使用，一般会结合其他的镜头组合拍摄，主要指飞行幅度不大的俯仰镜头。一般情况下，运用得最多的就是镜头向上运动，先从低角度的俯视或斜视开始，镜头慢慢抬起，展示视频所要表达的环境。

下面是拍摄的一段镜头向上抬起的视频画面，慢慢展示环境背景。

在航拍图 4-2-7 所示的俯仰镜头的时候，只需要用左手食指拨动遥控器背面的"云台俯仰"拨轮，即可将镜头慢慢抬起，操作十分简单。

图 4-2-7　俯仰拍法示例

4.2.8 前进拍法

前进镜头是指无人机一直向前飞行运动,这是航拍中最常用的镜头,主要用来表现前景。有一种航拍手法是无目标的往前飞行,主要用来交代影片的环境,我们只需要将右侧的摇杆缓慢往上推,无人机即可一直向前飞行,展示航拍的大环境,如图 4-2-8 所示。

图 4-2-8 前进拍法示例

4.2.9 俯视悬停拍法

俯视是真正的航拍视角,因为它完全 90° 朝下,在拍摄目标的正上方,很多人都把这种航拍镜头称为上帝的视角。俯视完全不同于别的镜头语言，因为它视角特殊，相信大家第一次看到俯视镜头的画面都会惊叹一声，被空中俯视的特殊景致所吸引。

俯视航拍中最简单的一种就是俯视悬停镜头，俯视悬停是指将无人机停在固定的位置上，云台相机朝下90°，一般用来拍摄移动的目标，如马路上的车流、水中的游船以及游泳的人等，让底下的拍摄目标从画面一处进去，然后从一处出去。

我们在航拍图4-2-9所示这段俯视悬停镜头的时候，只需要将无人机上升到一定的高度，然后拨动"云台俯仰"拨轮，实时调节云台的俯仰角度到垂直90°，固定不动，然后开始拍摄即可。

图 4-2-9　俯视悬停拍法示例

4.2.10　俯视拉升拍法

在航拍图4-2-10所示的俯视拉升镜头的时候，具体操作如下：

（1）拨动遥控器背面的"云台俯仰"拨轮，实时调节云台的俯仰角度到垂直90°，朝下俯拍。

（2）将左摇杆缓慢往上推动，无人机将慢慢上升，呈现出俯视拉升的镜头，当视野越来越宽的时候，呈现在观众眼前的大海越来越遥远。

图 4-2-10 俯视拉升拍法示例

4.2.11 俯视向前拍法

在航拍图 4-2-11 所示的俯视向前镜头的时候，具体操作如下：

(1)将无人机飞至高处，拨动"云台俯仰"拨轮，实时调节云台的俯仰角度到垂直 90°，朝下俯拍。

(2)将右摇杆缓慢往上推动，无人机将慢慢向前飞，呈现出俯视向前飞行的镜头，无人机不断掠过水面，以上帝的视角来俯视这里的风光。

图 4-2-11　俯视向前拍法示例

4.2.12　俯视旋转拍法

在航拍图 4-2-12 所示的俯视旋转镜头的时候，具体操作如下：

(1)将无人机飞至空中，拨动"云台俯仰"拨轮，实时调节云台的俯仰角度到垂直 90°，朝下俯拍特色建筑。

(2)将左摇杆缓慢往下推动，无人机将慢慢下降，呈现出俯视下降的镜头。

(3)左摇杆往下推的同时，将左摇杆再靠左或靠右推一点，此时无人机将旋转下降，呈现出俯视旋转下降的镜头。

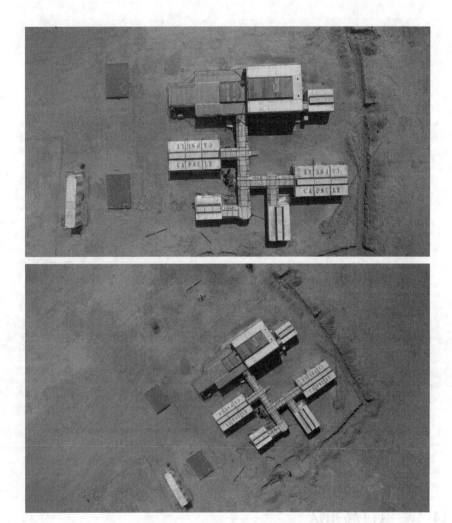

图 4-2-12　俯视旋转拍法示例

4.2.13　后退拍法

后退镜头俗称倒飞，是指无人机向后运动。后退镜头实际上是非常危险的一种运动镜头，因为有些无人机是没有后视避障功能的，或者在夜晚飞行的时候，后视避障功能是失效的，这个时候若后退飞行就十分危险，因为我们不清楚无人机身后是什么情况。

后退镜头最大的优势是：在后退的过程中不断有新的前景出现，从无到有，它会给观众一个期待，增加了镜头的趣味性。后退镜头的飞行手法很简单，只需要将右摇杆缓慢往下推，无人机即可向后倒退飞行。后退拍法示例如图 4-2-13 所示。

图 4-2-13　后退拍法示例

4.2.14　后退拉高拍法

在航拍图 4-2-14 所示的后退拉高镜头的时候，具体操作如下。

图 4-2-14　后退拉高拍法示例

（1）将右摇杆缓慢往下推动，无人机将慢慢后退，呈现出后退的镜头。

（2）将左摇杆缓慢往上推动，无人机将慢慢上升，呈现出后退拉高的镜头，航拍出当前所在的大环境背景。

📝 任务实施

根据所学知识进行飞行训练，并填写实施过程记录表。

实施过程记录表

飞行技法	任务工单	班级：
		姓名：
1. 使用所学的飞行技巧拍摄学校主教学楼的画面，说一说你用的哪种技法，为什么用这个技法。		
2. 使用所学的飞行技巧拍摄操场体育课的画面，说一说你用的哪种技法，为什么用这个技法。		
总结与提升：		

⊞ 任务评价

根据任务实施情况进行评价，填写任务评价表。

任务评价表

班级		组名		姓名	
出勤情况					
评价内容	评价要点	考查要点		分数	分数评定
查阅文献情况	任务实施过程中文献查阅	已经查阅信息资料		20分	
		正确运用信息资料			
互动交流情况	组内交流，教学互动	积极参与交流		30分	
		主动接受教师指导			
任务完成情况	任务准备情况	了解无人机航拍的技法		10分	
		能分辨各照片拍摄时所使用的技法		10分	
	任务完成情况	能够正确使用各种技法进行航拍		30分	
合计				100分	

✍ 练习与提升

1. 简述运用后退拉高拍法展示大环境的操作。
2. 简述俯视旋转拍法的操作。
3. 说一说你对各种飞行技法的认识。

任务4.3 构图取景技巧

摄影构图是拍出好照片的第一步，这一点在航拍摄影中同样重要。构图是突出画面主题最有效的方法，在对焦和曝光都正确的情况下，画面的构图往往会让一张照片脱颖而出。好的构图能让拍摄作品吸引观者的眼球，与之产生思想感情上的共鸣。下面主要介绍航拍摄影中取景构图的技巧，帮助大家拍出满意的作品。

田 知识准备

4.3.1　主体构图

主体就是画面中的主题对象，是反映内容与主题的主要载体，也是画面构图的重心或中心。主体是主题的延伸，陪体是和主体相伴而行的，背景是位于主体之后交代环境的。三者是相互呼应和关联的，摄影中主体是和陪体有机联系在一起的，背景不是孤立的，而是和主体相得益彰的。

在航拍的时候，如果拍摄的主体面积较大，或者极具视觉冲击力，那么我们可以把拍摄主体放在画面最中心的位置，采用居中法进行拍摄。如图 4-3-1 所示，画面中主体明确，主题突出，展现了静谧的河流。

图 4-3-1　静谧的河流

4.3.2　多点构图

点，是所有画面的基础。在摄影中，它可以是画面中真实的一个点，也可以是一个面，只要是画面中很小的对象就可以称之为点。在照片中点所在的位置直接影响到画面的视觉效果，并带来不同的心理感受。如果我们的无人机飞得很高，俯拍地面景色时，就会出现很多重复的点对象，这些就可以称为多点构图。我们在拍摄多个主体时可以用到这种构图方式，这样航拍的照片往往都可以体现多个主体，用这种方法构图可以完整记录所有的主体。

图 4-3-2 所示就是以多点构图方式航拍的水库照片，一棵棵小树在照片中变成了一个个的小点，以多点的方式呈现，欣赏者能很快找到主体。

图 4-3-2　多点构图示例

4.3.3　斜线构图

斜线构图是在静止的横线上出现的，具有一种静谧的感觉，同时斜线的纵向延伸可加强画面深远的透视效果，斜线构图的不稳定性使画面富有新意，给人以独特的视觉效果。

利用斜线构图可以使画面产生三维的空间效果，增强画面立体感，使画面充满动感与活力，且富有韵律感和节奏感。斜线构图是非常基本的构图方式，在拍摄轨道、山脉、植物、沿海等风景时，就可以采用斜线构图的航拍手法。

图 4-3-3 是以斜线构图航拍的城市立交桥照片，采用斜线式的构图手法，可以体现大桥的方向感和延伸感，能吸引欣赏者的目光，具有很强的视线导向性。

4.3.4　曲线构图

曲线构图是指摄影师抓住拍摄对象的特殊形态特点，在拍摄时采用特殊的拍摄角度和手法，将物体以类似曲线般的造型呈现在画面中。曲线构图的表现手法常用于拍摄风光、道路以及江河湖泊等题材。在航拍构图手法中，C 形曲线和 S 形曲线是运用得比较多的。

图 4-3-3　斜线构图航拍的城市立交桥照片

C 形构图是一种曲线型构图手法,拍摄对象类似 C 形,体现一种女性的柔美感、流畅感、流动感,常用来航拍弯曲的建筑、马路、岛屿以及沿海风光等大片,如图 4-3-4 所示。

图 4-3-4　C 形构图示例

4.3.5　前景构图

前景构图是指在拍摄的主体前方利用一些陪衬对象来衬托主体,使画面更具有空间感和透视感,还可以增加许多想象的空间。图 4-3-5 是航拍的一幅海上风光图,以帆船为前景，无人机慢慢向右侧飞行，显示出后面的风光，前景的点缀使整个画面更具有吸引力，画面内容也更加丰富多彩。

图 4-3-5　航拍的一幅海上风光图

4.3.6　三分线构图

三分线构图，顾名思义就是将画面从横向或纵向分为三部分，这是一种非常经典的构图方法，是大师级摄影师偏爱的一种构图方式，将画面一分为三，非常符合人的审美，这种照片拍出来会显得非常美。图 4-3-6 是航拍的一幅以三分线构图的画面，天空占画面上三分之一，地景占画面下三分之二，这样可以很好地突出田野风光。

图 4-3-6　航拍的一幅以三分线构图的画面

4.3.7 水平线构图

水平线构图就是以一条水平线来进行构图，这种构图方式可以很好地表现出画面的对称性，具有稳定感、平衡感。一般情况下，摄影师在拍摄城市风光或者海景风光的时候，最常采用的构图手法就是水平线构图。图 4-3-7 是航拍的一幅自然风光，海洋与岸边各占画面二分之一。

图 4-3-7　自然风光

4.3.8 横幅全景构图

全景构图是一种广角图片，"全景图"这个词最早是由爱尔兰画家罗伯特·巴克提出来的。全景构图的优点，一是画面内容丰富，大而全，二是视觉冲击力很强，极具观赏价值。

现在的全景照片，一是采用无人机本身自带的全景摄影功能直接拍成，二是运用无人机进行多张单拍，拍完后通过软件进行后期接片。在无人机的拍照模式中，有 4 种全景模式，即球形、180°、广角、竖拍，如果要拍横幅全景照片，要选择 180°的全景模式。

拍摄宁静的自然美景，怎么能少得了全景构图呢？图 4-3-8 为空中航拍的某湖泊全景照片，其中各种树木林立，湖水静美，让人看到了宁静、幽深的自然风光。

4.3.9 竖幅全景构图

竖幅构图的特点是狭长，而且可以裁去横向画面多余的元素，使画面更加整洁，主体突出。竖幅全景可以给欣赏者一种向上下延伸的感受，可以将画面的上下部分的各种

图 4-3-8　空中航拍的全景照片

元素紧密地联系在一起，从而更好地表达画面主题。图 4-3-9 是竖幅的城市夜间全景照片，城市建筑在夜晚灯光的衬托下，五颜六色，闪闪发光，画面极美。

图 4-3-9　竖幅的城市夜间全景照片

📝 任务实施

根据所学知识进行航拍构图取景训练，并填写实施过程记录表。

实施过程记录表

构图取景技巧	任务工单	班级：
		姓名：
1. 应用所学知识在学校取景进行航拍。		
2. 运用所学知识航拍公园的场景。		
总结与提升：		

📋 任务评价

根据任务实施情况进行评价，填写任务评价表。

任务评价表

班级		组名		姓名	
出勤情况					
评价内容	评价要点	考查要点		分数	分数评定
查阅文献情况	任务实施过程中文献查阅	已经查阅信息资料		20 分	
		正确运用信息资料			
互动交流情况	组内交流，教学互动	积极参与交流		30 分	
		主动接受教师指导			

续表

评价内容	评价要点	考查要点	分数	分数评定
任务完成情况	任务准备情况	了解无人机构图取景的要点	10分	
		能根据拍摄目的进行取景	10分	
	任务完成情况	能够正确取景进行拍摄	30分	
合计			100分	

练习与提升

1. 什么是主体？

2. 如何进行斜线构图？

3. 如何进行前景构图？

项目小结

本项目介绍了摄影的基本法则、拍摄照片的飞行技法、构图取景的技巧等内容。同学们要循序渐进，熟练掌握各种航拍技能要点，为下一阶段的学习奠定基础。

项目 5
无人机拍摄视频

项目描述

利用无人机可以拍摄精彩的视频，大大提升各种影片的质感。几年前，要租用直升机、使用特殊器材稳定相机才能实现的航拍，现在使用一台无人机就能轻松完成。本项目主要介绍无人机拍摄视频的相关知识，包括基础摄像技术、镜头控制方式及视频的拍摄技巧等。

知识目标

1. 了解常见的摄像技术。
2. 了解无人机的镜头控制模式。
3. 理解无人机航拍的拍摄技巧。

能力目标

1. 能够正确使用无人机进行视频的拍摄。
2. 能够选择合适的镜头模式进行航拍。

素质目标

1. 崇尚宪法、遵法守纪、崇德向善、诚实守信、尊重生命、热爱劳动，履行道德准则和行为规范，具有社会责任感和社会参与意识。
2. 具有质量意识、环保意识、安全意识、信息素养、工匠精神、创新思维，具有学无人机、爱无人机的职业理念和服务"新时代社会主义植保、测绘、救援建设"的职业理想。

任务 5.1 摄像技术与常识

目前，很多视频使用无人机航拍来完成。无人机航拍可以为视频带来独特的视角，如为营造静谧的效果而拍摄的在安静湖上升起的红日等。下面我们就来学习摄像的常识。

知识准备

5.1.1 帧大小

帧大小决定着视频的大小。电视信号发送一般使用隔行扫描，就是每一帧被分割为两场，各包含所有的奇数扫描行或者偶数扫描行，我们常见的 1080i 中的"i"就代表隔行扫描。在高清时代，逐行扫描逐渐代替隔行扫描。一般来说，视频大小的计量标准是高度，因为以前高宽比是固定的。视频的大小由竖向的分辨率来表示，如常见的 720、1080 就是画面的高度。

720 代表高有 720 像素，宽有 1280 像素，分辨率为 720×1280。

1080 代表高有 1080 像素，宽有 1920 像素，分辨率为 1080×1920。

视频尺寸示意图如图 5-1-1 所示。

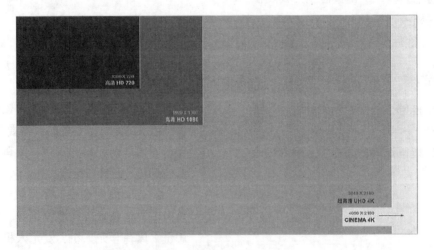

图 5-1-1　视频尺寸示意图

近年来，视频大小的计量标准从高度改为宽度。需要注意的是，新标准并没有对以往的名称做改变，如 1080 还是 1080。

新标准从 4K 开始命名，进而会有 6K、8K 等。4K 即 4000，指宽大约有 4000 像素。其实 4K 即超高清(UHD)是当前电视和电子产品常用的分辨率。

4K 的分辨率为 3840×2160。

5.1.2　帧频

动态的视频是由一帧帧静态图片组成的，快速连续播放这些图片就能形成连贯的视频。帧频其实就是一秒钟的视频由多少张图片组成。

帧频是有通用标准的，这取决于使用的制式。亚洲、欧洲大部分国家及非洲使用 PAL 制式，美国、日本等国使用 NTSC 制式。

NTSC 制式下的帧频是 30fps，即 1s 有 30 帧画。PAL 制式下的帧频大多为 25fps。电影一般使用 24fps。有时，人们还使用 120fps 的高帧频。若用 30fps 帧频的时间轴播放，则可以看到放慢 4 倍(120÷30)的清晰的慢动作。

根据所处的国家，一般使用 30fps、25fps 或 24fps 进行拍摄。拍摄慢动作镜头需要更高的帧频。

5.1.3　视频推荐参数

拍摄视频时，理想的快门速度是帧频的两倍。如果我们要拍摄 30fps 的视频，就需要 1/60 的快门速度；如果是 24fps，就需要 1/50。这样设置的原因在于运动模糊。当我们拍摄照片时，一般要提高快门速度。但在视频拍摄中，这种凝固会造成动作卡顿不流畅。若快门速度稍微放慢，每一帧都会产生一点自然的运动模糊，这会让连起来的动作更加流畅，如图 5-1-2 所示。

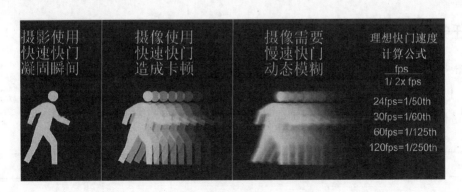

图 5-1-2　视频参数设置示意图

5.1.4　ND 中灰滤镜的使用

ND 中的灰滤镜可以减少进光量，延长快门速度，应用广泛。加上灰滤镜后，图像会变柔和。以下三个变量控制着摄影和摄像的曝光。

1. 光圈

光圈是镜头进光的开孔。调节光圈，可以设定进光量。收小光圈，完成正常曝光则需要相对较长的时间；而增大光圈，取得与前面相同曝光所需的时间会减少。

2. 快门

快门决定光圈开合的时间，即曝光时间。快门速度快则意味着光圈打开时间较短；快门速度慢则意味着光圈打开时间较长。

3. 感光度

感光度就是相机感光元件的能力。感光度调低，意味着需要更多的光通过镜头被感光元件捕捉。感光度调高则相对需要较少的光线，但会产生较多噪点。

曝光组合就是调节快门速度、光圈大小和感光度以捕捉到足够光线。若快门速度太慢，则会出现影像的抖动模糊；若要提高快门速度，则可以通过加大光圈或感光度来实现。但许多无人机机载相机无法调节光圈，所以只能调整其他变量进行曝光。

简单地说，若发现拍得暗了，就提高感光度。但感光度是有上限的，这也是相机的极限。较高的感光度会让照片出现噪点，影响画面。除了上限，感光度还有下限。为了能正确曝光，同时使快门速度放慢，可以使用中灰滤镜。滤镜有不同的灰度等级，飞手可以根据具体情况具体使用。中灰滤镜是摄影、摄像及电影制作的重要工具。所以，飞手需要配备不同灰度等级的多个滤镜。

✍ 任务实施

根据下列引导问题进行自主学习，养成自主探究、独立思考的意识。

（1）我们在观看视频时，常常需要选择"标清""高清""超高清""4K"等模式，那么，它们是什么意思？

_____

_____

_____

（2）控制摄影和摄像曝光的参数是什么？

_____

_____

_____

（3）简述你对帧频的认识。

_____

_____

_____

▣ 任务评价

根据任务实施情况进行评价，填写任务评价表。

任务评价表

班级		组名		姓名	
出勤情况					
评价内容	评价要点	考查要点		分数	分数评定
查阅文献情况	任务实施过程中文献查阅	已经查阅信息资料		20分	
		正确运用信息资料			
互动交流情况	组内交流，教学互动	积极参与交流		30分	
		主动接受教师指导			
任务完成情况	任务准备情况	了解摄像的基本知识		10分	
		掌握帧大小、帧频的概念，了解灰滤镜的作用		10分	
	任务完成情况	正确认识摄像常用的术语		15分	
		正确使用灰滤镜		15分	
合计				100分	

✑ 练习与提升

1. 什么是帧大小？其有什么作用？

2. 简述你对帧频的认识。

3. 搜集资料说一说如何选用灰滤镜。

任务 5.2 镜头控制模式

要驾驭无人机，就要充分了解其飞行原理；进行摄像，除了了解摄像基本常识外，还要认识镜头的各种模式。下面我们就来学习镜头运动的各种模式，为后面学习拍摄技巧做准备。

知识准备

摄像镜头分为静态的和动态的。所谓静态镜头，就是摄像机固定在一个位置，通常我们使用三脚架实现固定。所谓动态镜头，就是摄像机镜头进行"推、拉、摇、移、跟"等运动。

5.2.1 静态镜头

拍摄静态镜头时相机不动，而画面中的内容在运动。这种简单的拍摄手法很重要。一些多旋翼无人机可利用卫星和光学进行精准定位，以实现悬停。这时，飞手可以用悬停的镜头捕捉到一些精美的画面和动作。在初次尝试无人机拍摄时，为了熟悉无人机航拍，可利用既往摄像经验去拍摄一些静态镜头，如图 5-2-1 所示。

图 5-2-1 静态镜头拍摄

5.2.2　动态镜头

动态镜头是使用无人机航拍时最常使用的镜头。拍摄时，无人机处于运动状态。动态镜头使用的关键是缓慢流畅地移动镜头。

1. 单轴运动

1) 摇镜头

如图 5-2-2 所示，一种摇镜头就是相机机身不动，镜头水平旋转。这种拍摄方式多利用有液压云台的三脚架实现。拨动左控制杆可以实现无人机摇镜头。如果使用大疆 Inspire 系列，则可以让无人机悬空，控制镜头摇动。飞手可以缓慢摇动镜头扫过，以展示和介绍更多场景。

图 5-2-2　摇镜头拍摄

另一种摇镜头是镜头"盯"着面前从静止到运动的一个物体，如一辆车或一艘船，由此镜头摇动。这与跟镜头不同，因为此时相机是不发生位移的。使用这种摇镜头，给人一种"旁观者"的感觉。镜头"盯着"物体运动，而不是"随着"融入运动，属于一种反应镜头。

2) 俯仰镜头

俯仰镜头(图 5-2-3)类似于摇镜头，只不过是上下摇动。从视觉心理学角度看，因为物体坠落是垂直运动，这种上下垂直摇动的俯仰镜头给人一种不安、刺激或危险的感觉。我们可以使用操控云台实现俯仰镜头的拍摄。大多数无人机的遥控器有俯仰拨轮，可以实现远程操控相机摇动。

图 5-2-3　俯仰镜头拍摄

3）移动拍摄

移动拍摄（图 5-2-4）可以是从一侧移到另一侧，也可以是从一端推到另一端。这种移动的拍摄可以为影像增加视觉效果。例如，镜头一开始前面有遮挡，随着滑动，场景逐渐露出"庐山真面目"。我们也可以在遮挡物后面滑动拍摄，营造过渡效果，切换到另一个镜头。

图 5-2-4　移动拍摄

4）推拉镜头

推拉镜头（图 5-2-5）是人们最熟悉的镜头运动。大多数无人机机载相机镜头为定焦头，无法实现镜头本身的推拉。那么，如何实现推拉拍摄呢？在地面拍摄时，定焦头的推拉靠摄影师的移动实现。同理，在天上，推拉定焦头靠无人机的飞行实现。但这种靠位移实现的推拉与靠镜头的推拉不完全一样。当推镜头即镜头焦距越来越长时，背景会被压缩。所谓压缩，就是背景与前面的物体看起来越来越近；反之，镜头变短会让背景与物体看起来越来越远。

图 5-2-5 推拉镜头拍摄

5）旋转镜头

在没有专门辅助工具的情况下，可以用以下两种方式实现旋转镜头的拍摄。

第一种实现方式是将云台设置为第一视角模式。在大疆 Go App 中，云台有跟随和第一视角两种模式。跟随模式下，相机始终保持水平。在第一视角模式下，相机随着无人机的倾斜而倾斜。这时的视觉效果，可以类比第一人称视角游戏或在飞机驾驶室看到的视角。这种模式还原拍摄中的动态感和速度感，并将人们的注意力转移到相机的运动上，需要在恰当的场合使用。

第二种实现方式是后期处理。可以在 Adobe Premiere Pro 或 Apple Final Cut Pro 等软件中翻转画面。这时，需要拍摄较大的画面和使用较大的分辨率，为后期处理留有余地。

旋转镜头拍摄如图 5-2-6 所示。

图 5-2-6　旋转镜头拍摄

任务实施

根据所学知识进行飞行训练，并填写实施过程记录表。

实施过程记录表

镜头控制	任务工单	班级： 姓名：
1. 总结摇镜头、推拉镜头、旋转镜头的技术要点。		
2. 假如你要为学校拍摄一组体育节活动视频，你会怎样规划、运用哪些镜头？		
总结与提升：		

任务评价

根据任务实施情况进行评价，填写任务评价表。

任务评价表

班级		组名		姓名	
出勤情况					
评价内容	评价要点	考查要点		分数	分数评定
查阅文献情况	任务实施过程中文献查阅	已经查阅信息资料		20分	
		正确运用信息资料			
互动交流情况	组内交流，教学互动	积极参与交流		30分	
		主动接受教师指导			
任务完成情况	任务准备情况	了解镜头的运动形式		10分	
		能根据需要运用镜头进行拍摄		10分	
	任务完成情况	能够正确运用镜头控制模式进行拍摄		30分	
合计				100分	

练习与提升

1. 静态镜头的作用是什么？
2. 简述你对动态镜头的认识。

任务 5.3　视频拍摄技巧

学习固定画面和运动画面的特点，培养学生基本的摄像技法，理解固定画面和运动画面的艺术造型作用，能够在不同题材摄像场合，灵活构图，完成摄像任务。

知识准备

1. 定场镜头拍摄

定场镜头(图 5-3-1)是经典的拍摄手法。它可以向观众呈现故事发生的场景，并渲染氛围。通常定场镜头视野宽、场面大，一般在场景的开头出现。这种拍摄方式可以揭示出场景的变化。利用无人机，航拍定场镜头容易实现且成本低廉。

图 5-3-1　定场镜头拍摄

2. 揭示性镜头拍摄

有时，揭示性镜头(图 5-3-2)效果震撼，可以作为定场画面出现。首先揭示性镜头从一个地点的画面开始，然后随着镜头的移动，揭示出更大或意外的场景。这就像在观众面前慢慢打开一份礼物一样。

图 5-3-2　揭示性镜头拍摄

　　揭示性镜头可以从树木或山丘这样的遮挡物开始拍起，随着摄像机飞起来或飞过去，展现出新的场景；也可以从一个物体的特写拍起，随着摄像机飞起来和镜头拉远，展示出物体的所在场景。

3. 环绕拍摄

　　环绕拍摄(兴趣点环绕)就是围绕并拍摄一个景物。环绕拍摄的步骤：

　　(1)将相机对准拍摄景物，调整好无人机的高度和与景物的距离(不要忘记按下录制键)。

　　(2)开始向左或向右飞行。

　　(3)操控方向舵实现环绕飞行。

　　环绕拍摄如图 5-3-3 所示。

图 5-3-3　环绕拍摄

　　环绕拍摄需注意以下几点：

　　(1)安全第一。不要离环绕景物太近。

　　(2)如果环绕一个大型的建筑拍摄，确保飞行高度充足。

　　(3)环绕拍摄并非一定得完成一个整圆。

4. 穿行拍摄

　　穿行拍摄(图 5-3-4)就是无人机从场景中穿过并拍摄。穿行拍摄时飞行要平稳缓慢，这是因为大多数情况下，相机的方向是正向前或向后，如果飞行过快，可能会在镜头中出现螺旋桨的影子。

图 5-3-4　穿行拍摄

在穿行拍摄前，计划好飞行路线，如从哪里飞入、在哪里拍摄、从哪里飞出。穿越拍摄给观众一种身临其境的沉浸感觉，仿佛观众随着无人机在其中穿行。我们可以使用第一人称视角控制飞行，但确保身边有观察员辅助航拍。

5. 飞越拍摄

飞越拍摄（图 5-3-5）类似于穿行拍摄。只不过在飞行时，穿行拍摄的镜头对着飞行方向，而飞越拍摄的镜头方向始终对着下面的物体，随着飞行而变化。飞越拍摄的最简

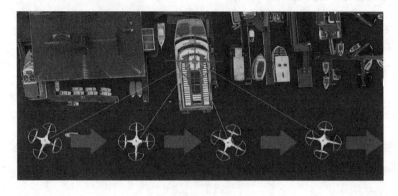

图 5-3-5　飞越拍摄

单办法就是使用智能飞行模式或 IOC 智能航向控制功能。一般地，将无人机机头设置为一直朝前，这时无论何时操作右控制杆倾斜无人机都不会改变航向。

6. 底座拍摄

底座拍摄（图 5-3-6）分为两种。第一种，相机不动，随无人机上下移动。相机可以直对着拍摄物，像扫描一样完成拍摄。

第二种底座拍摄是无人机上下飞行，但相机通过不断倾斜始终对着拍摄物。这种拍摄的难点在于如何在上升或下降的同时操作相机等速且流畅地倾斜。

图 5-3-6　底座拍摄

7. 鸟瞰拍摄

鸟瞰拍摄是将相机垂直对着地面拍摄。鸟瞰视角独特，效果震撼，是航拍的经典角度。与之前的几种镜头不一样，鸟瞰拍摄是从空中垂直向下看。

这时可以做一种平稳的扫描式的航拍，如俯瞰社区的环境，从空中跟踪监控车辆等。此外，还可以使用鸟瞰视角，渐渐飞高远离拍摄对象，揭示出对象所在环境。鸟瞰拍摄如图 5-3-7 所示。

图 5-3-7　鸟瞰拍摄

📝 任务实施

根据所学知识进行飞行训练，并填写实施过程记录表。

实施过程记录表

镜头拍摄技巧	任务工单	班级：
		姓名：
1. 总结穿行拍摄、鸟瞰拍摄的技术要点。		
2. 假如你要为学校做一部宣传片，你会怎样规划、运用哪些镜头？		
总结与提升：		

⊟ 任务评价

根据任务实施情况进行评价，填写任务评价表。

任务评价表

班级			组名		姓名	
出勤情况						
评价内容	评价要点		考查要点		分数	分数评定
查阅文献情况	任务实施过程中文献查阅		已经查阅信息资料		20分	
			正确运用信息资料			
互动交流情况	组内交流，教学互动		积极参与交流		30分	
			主动接受教师指导			
任务完成情况	任务准备情况		了解航拍拍摄的技巧		10分	
			能根据需要运用不同镜头进行拍摄		10分	
	任务完成情况		能够正确运用视频拍摄技巧进行拍摄		30分	
合计					100分	

✍ 练习与提升

1. 对比下图所示的两组照片，你发现了哪些共同点？无人机的镜头一般处于目标物体的哪一方位？镜头的角度是怎么样的？

2. 如何使无人机能够平稳地穿越山间峡谷或建筑物中的间隙？

项目小结

本项目首先介绍了帧大小、帧频、视频推荐参数等摄像常识，然后介绍了静态镜头、动态镜头的基本知识，最后介绍了航拍摄像的技巧。通过本项目的学习，同学们要掌握各种航拍摄像的镜头运用技巧，能够独立根据所需场景进行航拍镜头设计。

项目 6
高级摄像模式

项目描述

　　随着科学技术的进步，无人机具备了更多强大的功能。许多无人机设有高级摄像模式，如一键短片航拍模式、智能跟随航拍模式、指点飞行航拍模式、环绕飞行航拍模式等。利用这些高级拍摄模式，飞手可以更加轻松地拍出想要的"大片"。

知识目标

　　1. 了解一键短片航拍模式、智能跟随航拍模式、指点飞行航拍模式、环绕飞行航拍模式等的操作方法。

　　2. 理解各种高级摄像模式的应用场景。

能力目标

　　1. 能够正确使用无人机进行视频的拍摄。

　　2. 能够选择合适的高级摄像模式进行航拍。

素质目标

　　1. 遵守相关规定和标准，确保无人机飞行安全。

　　2. 能够与其他团队成员进行有效沟通，实现任务的顺利完成。

　　3. 秉承专业道德和职业操守，保护客户信息和商业机密。

任务 6.1 一键短片航拍模式

一键短片航拍模式是新手最喜欢的一种航拍模式，无人机根据用户所选的方式持续拍摄特定时长的视频，然后自动生成一个 10 秒以内的短视频。下面就来学习一键短片航拍模式。

🔲 知识准备

6.1.1 渐远飞行设置

1. 设置渐远飞行距离

（1）在 DJI GO 4 App 飞行界面中，点击左侧的"智能模式"按钮，在弹出的界面中点击"一键短片"按钮，如图 6-1-1 所示。

图 6-1-1 "智能模式"界面

（2）进入"一键短片"飞行模式，其中提供了 6 种飞行模式，点击"渐远"模式，如图 6-1-2 所示。

（3）弹出"距离"选项，向右拖曳滑块，将"距离"参数设置为"96m"，如图 6-1-3 所示。在设置飞行距离的时候，最多可以设置为 120m。

图 6-1-2　点击"渐远"模式

图 6-1-3　将"距离"参数设置为"96m"

2. 框选目标渐远飞行

（1）在屏幕中用食指拖曳框选目标，被框选的区域呈浅绿色显示，如图 6-1-4 所示。

图 6-1-4　被框选的区域

（2）系统将从框选的目标中选择一个主体对象，点击屏幕中的"GO"，如图6-1-5 所示。

图6-1-5　点击屏幕中的"GO"

（3）执行操作后，即可使用"渐远"模式一键拍摄短片，拍摄效果如图6-1-6所示。

图6-1-6　渐远飞行拍摄效果

6.1.2　环绕飞行

1. 顺时针环绕飞行

（1）进入"一键短片"飞行模式，点击"环绕"模式，弹出"方向"选项，点击右侧的按钮，即可切换至"顺时针"模式，如图 6-1-7 所示。

图 6-1-7　切换至"顺时针"模式

（2）调整无人机的角度和高度，在屏幕中点击或框选目标，点击"GO"按钮，即可开始进行顺时针环绕飞行，拍摄效果如图 6-1-8 所示。

图 6-1-8　顺时针环绕飞行拍摄效果

2. 逆时针环绕飞行

（1）进入"一键短片"飞行模式，点击"环绕"模式，弹出"方向"选项，点击右侧的按钮，即可切换至"逆时针"模式，如图 6-1-9 所示。

（2）在屏幕中点击或框选目标，点击"GO"按钮，即可开始进行逆时针环绕飞行，拍摄效果如图 6-1-10 所示。

图 6-1-9　切换至"逆时针"模式

图 6-1-10　逆时针环绕飞行拍摄效果

6.1.3　螺旋飞行

(1)进入"一键短片"飞行模式,选择"螺旋"模式,并点击该模式,弹出"距离"选项,向右拖曳滑块,将"距离"参数设置为"40m",如图 6-1-11 所示;点击右侧"顺时针"或"逆时针"切换按钮,即可设定飞行的方向。

图 6-1-11 将"距离"参数设置为"40m"

(2)调整无人机的角度和高度，在屏幕中点击或框选目标，点击"GO"按钮，即可开始进行螺旋飞行，在飞行的时候画面会有距离的变化，如图 6-1-12 所示。

图 6-1-12 画面变化

6.1.4 直线向上冲天飞行

(1)进入"一键短片"飞行模式，选择"冲天"模式，并点击该模式，弹出"距离"选项，向右拖曳滑块，将"距离"参数设置为"120m"（图 6-1-13），大家可根据实际需要设置"距离"参数，最大可设置为 120m。

图 6-1-13 设置"距离"参数

（2）在屏幕中框选目标，点击"GO"按钮，即可开始进行冲天飞行，拍摄效果如图6-1-14所示。

图 6-1-14　冲天飞行拍摄效果

6.1.5　彗星模式

（1）进入"一键短片"飞行模式，选择"彗星"模式，并点击该模式，弹出"方向"选项，点击右侧的按钮，即可切换至"逆时针"模式，如图6-1-15所示。

图 6-1-15　选择"彗星"模式并切换至"逆时针"模式

（2）在屏幕中点击或框选目标，点击"GO"按钮，即可开始进行逆时针飞行，拍摄效果如图6-1-16所示。

图 6-1-16 逆时针飞行(彗星模式)拍摄效果

6.1.6 小行星模式

(1)进入"一键短片"飞行模式，选择"小行星"模式，然后在屏幕中框选目标，点击"GO"按钮，如图 6-1-17 所示。

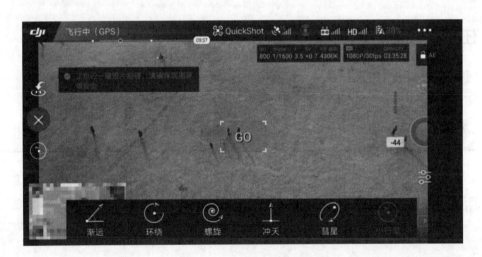

图 6-1-17 选择"小行星"模式

(2)执行操作后，即可使用"小行星"模式拍摄一键短片，拍摄效果如图 6-1-18所示。

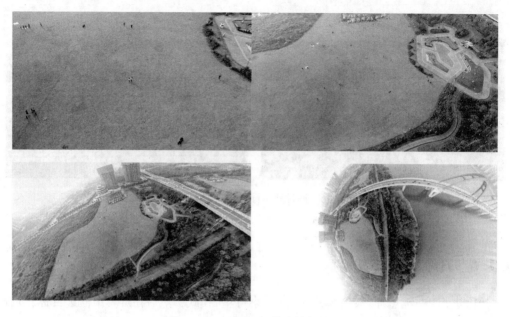

图 6-1-18 "小行星"模式拍摄效果

📝 任务实施

根据所学知识进行飞行训练，并填写实施过程记录表。

实施过程记录表

一键短片航拍模式	任务工单	班级：
		姓名：
1. 利用"渐远"模式、"环绕"模式、"螺旋"模式拍摄校园风光。		
2. 假如你要为学校拍摄一组运动会活动视频，你会怎样使用一键短片航拍模式？		
总结与提升：		

⊞ 任务评价

根据任务实施情况进行评价，填写任务评价表。

任务评价表

班级		组名		姓名	
出勤情况					
评价内容	评价要点	考查要点		分数	分数评定
查阅文献情况	任务实施过程中文献查阅	已经查阅信息资料		20 分	
		正确运用信息资料			
互动交流情况	组内交流，教学互动	积极参与交流		30 分	
		主动接受教师指导			
任务完成情况	任务准备情况	了解一键短片航拍模式		10 分	
		能根据需要运用恰当的模式进行拍摄		10 分	
	任务完成情况	能够正确选取一键短片航拍模式进行拍摄		30 分	
合计				100 分	

☑ 练习与提升

1. 一键短片航拍模式具体包括哪些飞行模式？
2. 请运用一键短片航拍模式中的"小行星"模式拍摄短片。
3. 请运用一键短片航拍模式中的"冲天"模式拍摄短片。

任务 6.2 智能跟随航拍模式

智能跟随航拍模式基于图像的跟随，对人、车、船等移动对象具有识别功能。需要用户注意的是，使用智能跟随航拍模式时，要与跟随对象保持一定的安全距离，以免造成人身伤害。下面就来学习使用"智能跟随"模式航拍人像视频的操作方法。

知识准备

6.2.1 普通模式

1. 向左旋转航拍人物

（1）在 DJI GO 4 App 飞行界面中，点击左侧的"智能模式"按钮，在弹出的界面中点击"智能跟随"按钮。

（2）进入"智能跟随"飞行模式，它提供了 3 种飞行模式，点击"普通"模式，如图 6-2-1 所示。

图 6-2-1　选择"普通"模式

（3）进入"普通"模式拍摄界面，点击画面中的人物，设定跟随目标，此时屏幕中锁定了目标对象，并显示一个控制条，中间有一个圆形的控制按钮，可以向左或向右滑动，调整无人机的拍摄方向，如图 6-2-2 所示。

图 6-2-2　调整无人机的拍摄方向

（4）此时人物一直向前走，无人机将保持一定的飞行距离跟在人物后面进行拍摄，向人物行走的方向飞行，如图 6-2-3 所示。

图 6-2-3　无人机在人物后面拍摄

（5）当人物快走到台阶的时候，向左滑动控制按钮，此时无人机将从左至右以旋转的方式环绕人物飞行，始终将人物目标放在画面的正中间，如图 6-2-4 所示。

图 6-2-4　向左滑动控制按钮

2. 向右旋转航拍人物

向右旋转与向左旋转的操作刚好相反，只需要在"普通"模式拍摄界面向右滑动控制按钮，此时无人机将从右至左以旋转的方式环绕人物飞行，如图 6-2-5 所示。

图 6-2-5　向右旋转航拍人物

6.2.2　平行模式

1. 平行跟随人物运动

（1）进入"智能跟随"飞行模式，点击"平行"模式，然后在屏幕中点击目标，如图 6-2-6 所示。

图 6-2-6　点击"平行"模式并点击目标

（2）执行操作后，此时人物向左侧行走，无人机将平行跟随人物目标，如图 6-2-7 所示。

图 6-2-7 无人机平行跟随人物目标

2. 向后倒退跟随航拍视频

(1)进入"智能跟随"飞行模式,点击"平行"模式,然后在屏幕中点击并锁定人物目标。

(2)此时,无人机在人物的正对面,当人物向无人机方向行走的时候,无人机将向后倒退飞行,与人物保持一定的平行距离,如图 6-2-8 所示。

图 6-2-8 向后倒退跟随航拍视频

6.2.3 锁定模式

1. 固定位置航拍人物

(1)进入"智能跟随"飞行模式,点击"锁定"模式,然后在屏幕中点击并锁定人物目标。

（2）此时，人物主体不管朝哪个方向行走，无人机的镜头都将一直锁定人物目标，在不打杆的情况下，无人机将保持不动，如图6-2-9所示。

图 6-2-9　无人机的镜头一直锁定人物

2. 锁定目标拉高后退飞行

（1）进入"智能跟随"飞行模式，点击"锁定"模式，然后在屏幕中点击并锁定人物目标。

（2）使用左手向上拨动摇杆，无人机将向上飞行；同时使用右手向下拨动摇杆，无人机将向后倒退，一边拉高一边后退飞行，如图6-2-10所示。

图 6-2-10　锁定目标拉高后退飞行

📝 任务实施

根据所学知识进行飞行训练，并填写实施过程记录表。

实施过程记录表

智能跟随航拍模式	任务工单	班级：
		姓名：
1. 利用"智能跟随"飞行模式中的"普通"模式拍摄学校体育活动视频。		
2. 利用"智能跟随"飞行模式中的"平行"模式拍摄学校体育活动视频。		
总结与提升：		

🔲 任务评价

根据任务实施情况进行评价，填写任务评价表。

任务评价表

班级		组名		姓名	
出勤情况					
评价内容	评价要点	考查要点		分数	分数评定
查阅文献情况	任务实施过程中文献查阅	已经查阅信息资料		20分	
		正确运用信息资料			
互动交流情况	组内交流，教学互动	积极参与交流		30分	
		主动接受教师指导			
任务完成情况	任务准备情况	了解智能跟随航拍模式		10分	
		能根据需要运用恰当的模式进行拍摄		10分	
	任务完成情况	能够正确选取智能跟随航拍模式进行拍摄		30分	
合计				100分	

📝 练习与提升

1. 智能跟随航拍模式具体包括哪些飞行模式？
2. 请运用智能跟随航拍模式中的"平行"模式拍摄短片。
3. 请运用智能跟随航拍模式中的"锁定"模式拍摄短片。

任务 6.3 指点飞行航拍模式

"指点飞行"就是指定无人机向所选目标区域飞行，主要包含三种飞行模式，一种是正向指点，一种是反向指点，还有一种是自由朝向指点。本任务我们就来学习"指点飞行"模式。

田 知识准备

6.3.1 正向指点

1. 设置正向飞行的速度

（1）在 DJI GO 4 App 飞行界面中，点击左侧的"智能模式"按钮，在弹出的界面中点击"指点飞行"按钮，如图 6-3-1 所示。

图 6-3-1 "智能模式"界面中点击"指点飞行"按钮

（2）进入"指点飞行"模式，它提供了三种飞行模式，点击"正向指点"模式；向上或向下拖曳右侧的速度滑块，即可设置无人机的飞行速度，如图 6-3-2 所示。

图 6-3-2 设置无人机的飞行速度

2. 在画面中指定目标对象

设置好正向飞行速度之后，接下来需要在画面中指定目标对象，点击屏幕即会出现一个浅绿色的"GO"按钮，如图6-3-3所示。

图6-3-3 "GO"按钮

3. 向前拉低或拉高飞行

因为无人机所处的位置比较高，而指定的目标对象位置比较低，当我们点击屏幕中的"GO"按钮之后，无人机即可向前拉低飞行，一边向前飞行一边下降，屏幕上会提示飞行器正在下降。如果希望无人机向前拉高飞行，只需要在指定目标对象的时候，将云台抬起，然后往高处指定目标对象，这样无人机在飞行中即会向前拉高飞行，如图6-3-4所示。

图 6-3-4　向前拉高飞行

6.3.2　反向指点

（1）在 DJI GO 4 App 飞行界面中点击"指点飞行"按钮，进入"指点飞行"模式，点击"反向指点"。

（2）向上或向下拖曳右侧的速度滑块，即可设置无人机反向飞行的速度，这里设置速度为 5.7m/s，如图 6-3-5 所示。

图 6-3-5　速度设置

（3）设置好反向飞行速度之后，接下来需要在画面中指定目标对象，点击屏幕即会出现一个浅绿色的"GO"按钮，提示"指点即飞"的信息，如图 6-3-6 所示。

（4）点击屏幕上的"GO"按钮，此时无人机自动调整拍摄位置和角度，进行平行后退飞行，离目标对象会越来越远，最终显示一个大场景，如图 6-3-7 所示。

图 6-3-6　出现浅绿色的"GO"按钮

图 6-3-7　无人机自动调整拍摄位置和角度

6.3.3　自由朝向指点

　　"指点飞行"模式下的"自由朝向指点"模式是指无人机向所选目标前进飞行，在飞行的过程中用户通过遥控器可以调整镜头的朝向和构图。

　　在飞行界面的右侧，向上或向下拖曳速度滑块，即可设置无人机自由朝向飞行的速度，点击屏幕锁定飞行方向后，即可进行自由朝向指点飞行，如图 6-3-8 所示。

图 6-3-8　自由朝向指点飞行

任务实施

根据所学知识进行飞行训练，并填写实施过程记录表。

实施过程记录表

指点飞行航拍模式	任务工单	班级：
		姓名：
1. 利用"指点飞行"飞行模式中的"正向指点"模式拍摄学校风光视频。		
2. 利用"指点飞行"飞行模式中的"自由朝向指点"模式拍摄学校风光视频。		
总结与提升：		

任务评价

根据任务实施情况进行评价，填写任务评价表。

任务评价表

班级		组名		姓名	
出勤情况					
评价内容	评价要点	考查要点		分数	分数评定
查阅文献情况	任务实施过程中文献查阅	已经查阅信息资料		20分	
		正确运用信息资料			
互动交流情况	组内交流，教学互动	积极参与交流		30分	
		主动接受教师指导			

续表

评价内容	评价要点	考查要点	分数	分数评定
任务完成情况	任务准备情况	了解指点飞行航拍模式	10分	
		能根据需要运用相应模式进行拍摄	10分	
	任务完成情况	能够正确选取指点飞行航拍模式进行拍摄	30分	
	合计		100分	

📝 练习与提升

1. 指点飞行航拍模式具体包括哪些飞行模式？

2. 请运用指点飞行航拍模式中的"正向指点"模式拍摄短片。

3. 请运用指点飞行航拍模式中的"反向指点"模式拍摄短片。

任务 6.4 环绕飞行航拍模式

"兴趣点环绕"模式在飞行领域里俗称"刷锅"，是指无人机围绕用户设定的兴趣点进行 360° 旋转拍摄，这样可以全方位地展示目标对象，从各个不同的角度去欣赏美景。下面介绍环绕飞行航拍模式。

📖 知识准备

6.4.1 兴趣点环绕

1. 在画面中框选兴趣点

（1）在 DJI GO 4 App 飞行界面中，点击左侧的"智能模式"按钮，在弹出的界面中点击"兴趣点环绕"按钮。

（2）进入"兴趣点环绕"飞行模式，在飞行界面中，用手指拖曳绘制一个方框，设定兴趣点对象，如图 6-4-1 所示。

图 6-4-1　设定兴趣点对象

（3）此时，浅绿色的方框中显示"GO"字样，点击该字样，如图 6-4-2 所示。

图 6-4-2　浅绿色的方框中显示"GO"字样

（4）界面中提示"目标位置测算中，请勿操作飞行器"，如图 6-4-3 所示。

图 6-4-3　界面提示

（5）待目标位置测算完成后，界面中提示"测算完成，开始任务"，如图 6-4-4 所示。

图 6-4-4　提示"测算完成，开始任务"

2. 设置环绕飞行的半径

当界面中提示"测算完成，开始任务"的信息后，点击下方的"半径"数值，会弹出滑动条，向左或向右拖曳滑块，可以设置环绕飞行的半径大小，如图 6-4-5 所示。

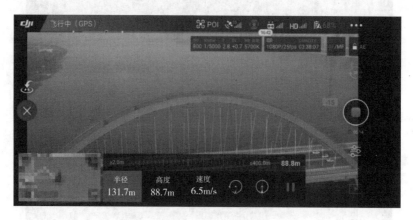

图 6-4-5　设置环绕飞行的半径大小

3. 设置环绕飞行的高度

在"兴趣点环绕"飞行模式下，点击下方的"高度"数值，即可弹出滑动条，向左或向右拖曳滑块，可以设置环绕飞行的高度数值，如图 6-4-6 所示。

图 6-4-6　设置环绕飞行的高度

4. 设置环绕飞行的速度

在"兴趣点环绕"飞行模式下，点击下方的"速度"数值，即可弹出滑动条，向左或向右拖曳滑块，可以设置环绕飞行的速度，如图 6-4-7 所示。

图 6-4-7　设置环绕飞行的速度

6.4.2　逆时针环绕飞行无人机

在兴趣点环绕设置的基础上，设置好环绕飞行的半径、高度以及速度等参数后，即可以逆时针的方式进行环绕飞行，点击"录制"按钮，可以录制视频画面，如图 6-4-8 所示。

图 6-4-8　逆时针环绕飞行画面

6.4.3　顺时针环绕飞行无人机

在飞行界面下方点击"顺时针"按钮，即可以顺时针的方向进行环绕飞行。

图 6-4-9 就是无人机以顺时针方向环绕飞行的画面，从桥的右侧飞到了桥的左侧，在下方可根据需要设置飞行的半径、高度以及速度等。

图 6-4-9　顺时针方向环绕飞行画面

📝 **任务实施**

根据所学知识进行飞行训练，并填写实施过程记录表。

实施过程记录表

环绕飞行航拍模式	任务工单	班级：
		姓名：
1. 利用"兴趣点环绕"模式拍摄学校风光视频。		
2. 利用学习的环绕飞行航拍模式的知识拍摄学校风光视频。		
总结与提升：		

任务评价

根据任务实施情况进行评价，填写任务评价表。

任务评价表

班级		组名		姓名	
出勤情况					
评价内容	评价要点	考查要点		分数	分数评定
查阅文献情况	任务实施过程中文献查阅	已经查阅信息资料		20 分	
		正确运用信息资料			
互动交流情况	组内交流，教学互动	积极参与交流		30 分	
		主动接受教师指导			
任务完成情况	任务准备情况	了解环绕飞行航拍模式		10 分	
		能根据需要运用相应的模式进行拍摄		10 分	
	任务完成情况	能够正确选取环绕飞行航拍模式进行拍摄		30 分	
合计				100 分	

✍ 练习与提升

1. 请运用环绕飞行航拍模式进行逆时针环绕拍摄。
2. 请运用环绕飞行航拍模式进行顺时针环绕拍摄。

任务 6.5 航点飞行航拍模式

航拍视频对于新手来说最大的困难是控制无人机的稳定性，没有一年以上的练习，飞手很难做到一段航拍视频的稳定、顺滑、不抖动。而大疆 DJI GO 4 内置的"航点飞行"模式可以让新手拍摄出非常稳定的视频画面效果。下面主要介绍航点飞行拍摄模式的相关内容及操作方法。

🗐 知识准备

6.5.1 添加航点

(1)起飞无人机后，在飞行界面中点击左侧的"智能模式"按钮，在弹出的界面中点击"航点飞行"按钮。

(2)进入操作引导界面(图 6-5-1)，点击右上角的"退出引导"按钮，退出引导界面，进入航点规划界面，用户就可以开始规划和设计航点了。在界面上点击航点按钮，使其高亮显示；然后在地图上的相应位置直接点击，就可以添加航点。

图 6-5-1 操作引导界面

(3)点击界面左下角的飞行窗口，切换预览模式，开始飞行无人机(图 6-5-2)，将无人机飞到第 2 个航点的位置后，按下遥控器上的 C1 键，即可添加第 2 个航点信息，这是直接利用当前无人机的画面获得最准确构图的快捷操作方法。

图 6-5-2　切换预览模式

(4)继续使用上述方法进行飞行、操控并添加航点信息，如在地图上添加 3 个航点位置，如图 6-5-3 所示。

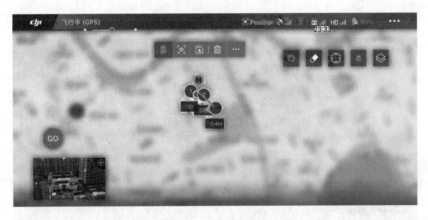

图 6-5-3　添加航点位置

6.5.2　修改航点参数

我们在相关位置添加航点后，就可以修改航点的参数(图 6-5-4)，只需要在地图上点击相应的航点数字，就会弹出设置面板。这里点击航点 1，在弹出的面板中可以设置飞行的高度、速度、飞行朝向、云台俯仰角、相机行为以及关联兴趣点等属性，使无人机按照我们设定的参数进行飞行。

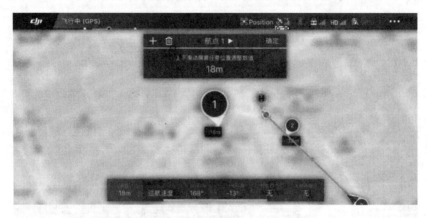

图 6-5-4　修改航点参数

6.5.3　修改航线的类型

（1）进入航点规划界面，点击上方的设置按钮，弹出浮动面板，点击"航线设置"按钮，如图 6-5-5 所示。

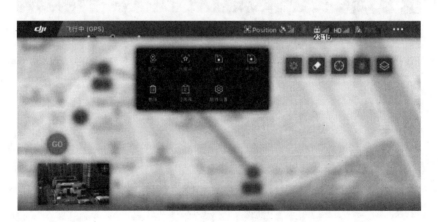

图 6-5-5　弹出浮动面板

（2）进入"航线设置"界面，在"航线类型"右侧点击"折线"按钮，即可将"航线类型"设置为"折线"，如图 6-5-6 所示。

图 6-5-6 将"航线类型"设置为"折线"

（3）点击"曲线"按钮，将弹出信息提示框，提示用户在该类型下无法自动执行航点设置中的"相机动作"，点击"确定"按钮，即可更改航线类型，如图 6-5-7 所示。

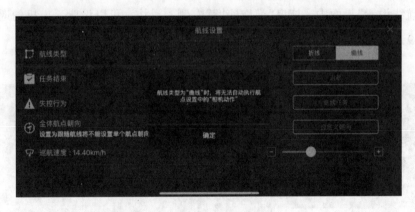

图 6-5-7 更改航线类型

6.5.4 自定义无人机的朝向

飞行朝向默认是自定义朝向，也就是航点设置的无人机朝向，它使画面构图更加精准。在"航线设置"界面中，点击"全体航点朝向"右侧的"自定义朝向"按钮，弹出列表框，其中包括"自由""自定义朝向"和"跟随航线"3 种类型。"自由"是指用户可以一边飞行一边控制朝向，"跟随航线"是指无人机对准航线向前的方向飞行。选择"自定义朝向"选项，即可在航点飞行中自定义无人机的朝向。自定义无人机的朝向如图 6-5-8 所示。

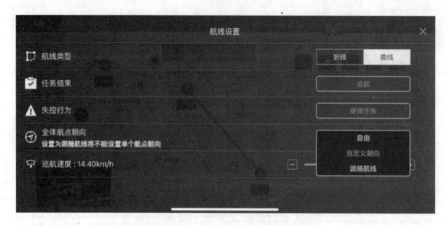

图 6-5-8　自定义无人机的朝向

6.5.5　设置统一的巡航速度

在"航线设置"界面中，拖曳"巡航速度"右侧的滑块，可以设置无人机的巡航速度，如图 6-5-9 所示。

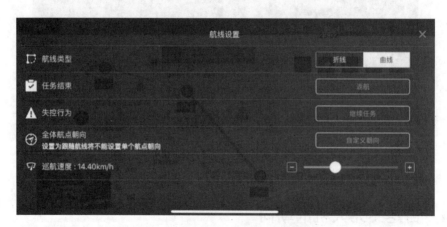

图 6-5-9　设置无人机的巡航速度

6.5.6　添加兴趣点

(1)点击飞行界面上方的"兴趣点"按钮，如图 6-5-10 所示。此时，该按钮将高亮显示，然后用手指在屏幕上的相应位置点击，即可添加兴趣点，兴趣点可以任意添加多个，以紫色的数字图标显示在地图上。

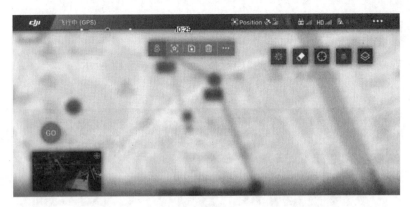

图 6-5-10　点击飞行界面上方的"兴趣点"按钮

（2）当兴趣点设置完成后，用户需要在航点设置中"关联兴趣点"。在执行航线飞行的过程中，无人机的镜头朝向会按航点设置的关联兴趣点一直对着兴趣点的方向，如图6-5-11 所示。添加兴趣点之后，点击兴趣点的数字，在弹出的面板中可以设置兴趣点的属性和参数。

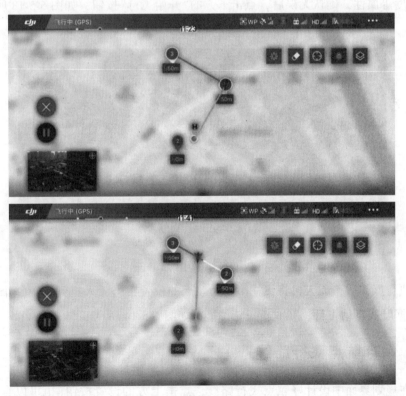

图 6-5-11　添加并关联兴趣点

6.5.7　按照航点飞行无人机

（1）在规划界面中，点击左侧的"GO"按钮，如图 6-5-12 所示。

图 6-5-12　规划界面

（2）进入"任务检查"界面，在其中可以设置全体航点朝向、返航高度、航线类型以及巡航速度等属性，确认无误后，点击下方的"开始飞行"按钮，如图 6-5-13 所示。

图 6-5-13　"任务检查"界面

（3）执行操作后，无人机将飞往第一个航点的位置，当无人机到达第一个航点位置后，将根据航线自动飞行，完成新一轮拍摄，如图 6-5-14 所示。

6.5.8　保存航点飞行路线

（1）在规划界面中设计好航点飞行路线，点击上方的设置按钮（也可以直接点击上方的"保存"按钮），如图 6-5-15 所示。

图 6-5-14　根据航线自动飞行

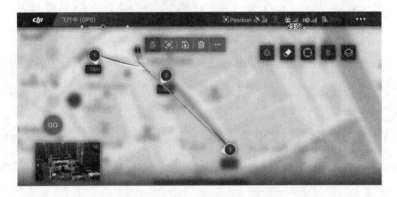

图 6-5-15　点击上方的设置按钮

（2）弹出浮动面板，点击"保存"按钮，如图 6-5-16 所示，即可保存航点飞行路线。此时界面中会提示"任务保存成功"的信息。

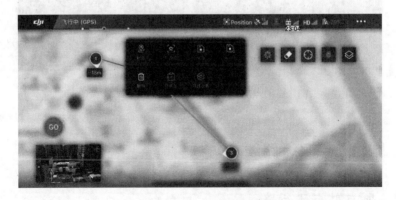

图 6-5-16　点击"保存"按钮

6.5.9　载入航点飞行路线

（1）在规划界面中设计好航点飞行路线，点击上方的设置按钮，弹出浮动面板，点击"任务库"按钮，如图6-5-17所示。

图6-5-17　点击"任务库"按钮

（2）进入"任务库"界面，其中显示了之前保存的飞行路线，点击右侧的"载入"按钮，如图6-5-18所示。执行操作后，即可载入航点飞行路线。

图6-5-18　"任务库"界面

6.5.10　删除航点飞行路线

1. 删除所有航点飞行路线

如果整条飞行路线都不需要了，就可以将其删除，下面介绍具体操作方法。

（1）当地图上设计好航点路线后，点击上方的"删除"按钮。

（2）弹出信息提示框，提示用户是否删除所有航点及兴趣点，点击"确认"按钮，即可删除地图上的所有航点信息，如图 6-5-19 所示。

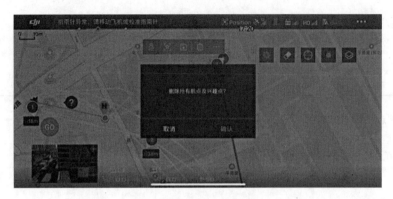

图 6-5-19　信息提示框

2. 删除某个航点飞行路线

如果用户不想删除整条飞行路线，只想删除其中某个航点信息，此时可以参照以下方法进行删除操作。

（1）在航点规划界面中，点击需要删除的航点，这里点击数字 5。

（2）进入航点 5 的详细规划界面，在其中可以设置航点的高度、速度、飞行方向、云台俯仰角以及相机行为等，点击左上方的"删除"按钮，如图 6-5-20 所示。

图 6-5-20　点击左上方的"删除"按钮

（3）执行操作后，即可删除航点 5 的飞行路线，此时规划界面中只剩下 4 个航点信息。

任务实施

根据所学知识进行飞行训练，并填写实施过程记录表。

实施过程记录表

航点飞行航拍模式	任务工单	班级：
		姓名：
1. 利用"航点飞行"模式拍摄学校风光视频。		
2. 能够正确设置飞行路线或者删除不需要的航点飞行路线。		
总结与提升：		

任务评价

根据任务实施情况进行评价，填写任务评价表。

任务评价表

班级		组名		姓名	
出勤情况					
评价内容	评价要点	考查要点		分数	分数评定
查阅文献情况	任务实施过程中文献查阅	已经查阅信息资料		20 分	
		正确运用信息资料			
互动交流情况	组内交流，教学互动	积极参与交流		30 分	
		主动接受教师指导			

续表

评价内容	评价要点	考查要点	分数	分数评定
任务完成情况	任务准备情况	了解航点飞行航拍模式	10 分	
		能根据需要运用相应的模式进行拍摄	10 分	
	任务完成情况	能够正确选取航点飞行航拍模式进行拍摄	30 分	
合计			100 分	

练习与提升

1. 请运用航点飞行航拍模式进行拍摄。
2. 简述载入航点飞行路线的步骤。
3. 简述删除航点飞行路线的步骤。

任务 6.6　穿越机摄影摄像艺术

在《航拍中国》中有许多穿越草原、峡谷的镜头，这些镜头是如何利用无人机来完成的呢？本任务我们就来学习穿越机摄影摄像艺术。

知识准备

6.6.1　穿越机的定义

严格意义上说，由于穿越机缺乏自主巡航能力，所以我们更倾向于将其归为航模而非无人机，通常玩家们喜欢自己买配件组装。穿越机的最高时速可达到 120~230km/h。

无人机竞速运动是近年来新兴的科技运动，与电子竞技、机器人格斗一起，并称三大"智能科技运动"。与常见的摄影无人机不同，竞速用无人机最高时速可达 230km，从 1km 到 100km 的加速不到 1s。技术上涉及空气动力、软件、电子工程等学科，对飞手的临场反应与操控技巧要求极高。

6.6.2 穿越机的结构

1. 机架

机架分为一体式和分体式两种，不同的材质有不同的优缺点，常见的框架是碳纤维板配金属外壳。

一体式机架的优点主要是安装方便，一体化程度高，更适合赛道飞行；缺点主要是炸机成本高，若机臂炸断基本上整个底板报废。分体式的优缺点正好与之相反。

此外，还可按照机架机臂布局分为正 X、长 X、异型等类型，根据电池摆放方式分为上置电池机架与下置电池机架。

2. 动力

飞机动力部分主要为电调和电机。

电调分为分体式电调和四合一电调两种，根据机架结构、动力要求及外观要求自行选择。目前四合一电调已成为绝对主流。电机有 2204、2205、2206、2207、2305、2306、2307 等各种不同型号，可根据机架结构、动力要求及外观要求自行选择。

3. 飞控

与大疆成品无人机飞控不同，穿越机的飞控更多地起协调遥控信号与电调之间的作用，对飞机姿态的介入并不多。穿越机使用的是以滚转速率计算的手动模式，与大疆无人机的自稳模式(角度模式)相比，它允许飞机进行 360° 旋转，更加灵活，而缺点是操控难度大。

飞控分为商业飞控和开源飞控：商业飞控有 QQ 飞控、NAZA 飞控等，穿越机几乎不使用此类飞控；开源飞控有 APM 飞控、PIX 飞控、F3、F4、F7 飞控、CC3D 飞控、KISS 飞控等，目前主流飞控为 F4、F7 飞控。最受欢迎的穿越机飞控固件是 Betaflight。此外，还存在一类闭源飞控，以 flightone 为主要代表，内置大量精心调教的参数，减少了调参的麻烦。

飞控的区别主要体现在运算效率和飞行模式方面。飞控输入端越少，CPU 对端口扫描用时就越少，响应速度就越快，更能保证穿越机飞行姿态快速变化的要求。对飞控固件的飞行姿态算法进行简化，CPU 的计算速度也会越快。

4. FPV 设备

FPV 设备可以解释为第一人称视角，其中包括摄像头、图传发射器、天线、图传接收器、显示器或视频眼镜。

5. 地面站/软件调参

地面站/软件调参如 Betaflight、Cleanflight、INAV 等。

6.6.3 穿越机拍摄的特点

高速飞行：穿越机的最高时速可达到 230km/h，能够快速完成从静止到高速的加速过程。

第一人称视角：通过安装在飞机头部的相机，飞手可以通过头戴式显示器实时观看飞机第一视角的画面，体验坐在驾驶舱内的感觉。

高操控难度：由于速度极快，穿越机对飞手的临场反应和操控技巧要求极高。飞手需要掌握高精度的控制技巧，并能够应对各种外部环境风险，如图像信号干扰、飞机失速、电量过低或机械故障等。

结构与动力：穿越机通常由机架、动力系统和飞控系统组成。机架可以是分体式或一体式，动力系统包括电调和电机，而飞控系统则协调遥控信号与电调之间的工作。

玩法多样：除了竞速，穿越机还有花飞（freestyle）和航拍（cinematic）等玩法，允许飞手完成速度更快、视角更独特的特技镜头。

6.6.4 穿越机拍摄技巧

穿越机摄影是一种令人兴奋和极具挑战性的拍摄方式，它能够带给我们独特的视角和冒险体验。为了拍摄出令人惊叹的作品，掌握一些穿越机拍摄技巧是至关重要的。

首先，要选择合适的飞行地点。寻找开阔、无遮挡物的场地，如公园、田野或沙滩等。这些地方可以提供广阔的视野和美丽的风景，为拍摄创造良好的环境。

其次，要合理利用飞行高度和速度。穿越机飞行的高度和速度可以灵活调整，根据拍摄需求进行选择。调整飞行高度，可以展现出大气的层次感；而调整飞行速度，则可以表现出不同的视觉效果。

在拍摄过程中，要保持稳定飞行。使用遥控器或自动控制技术，确保穿越机在飞行过程中的稳定性，这样可以拍摄出清晰、平滑的画面，让观众更好地欣赏拍摄作品。

同时，要注重构图和场景设计。利用穿越机的灵活性和视角优势，创造出富有创意和冲击力的画面。可以尝试不同的构图方法和拍摄角度，如低角度、高角度、倾斜等，以获得独特的视觉效果。

另外，要注意光线和色彩的运用。选择在光线充足、色彩鲜艳的场景中进行拍摄，可以增强画面的表现力和感染力。利用自然光或人工光源，创造出独特的氛围和效果。

最后，要不断尝试和练习。穿越机拍摄需要不断的实践和探索，不断的尝试和改进，可以提高自己的拍摄技巧和能力。与他人分享和交流经验，也可以帮助我们不断进步。

任务实施

根据所学知识填写实施过程记录表。

实施过程记录表

穿越机摄影摄像艺术	任务工单	班级：
		姓名：
1. 配置两台航拍穿越机(入门级、中高级各一台)，要求：结构完整、参数设置合理。		
2. 如何使用穿越机进行视频拍摄？		
总结与提升：		

任务评价

根据任务实施情况进行评价，填写任务评价表。

任务评价表

班级		组名		姓名	
出勤情况					
评价内容	评价要点	考查要点		分数	分数评定
查阅文献情况	任务实施过程中 文献查阅	已经查阅信息资料		20分	
		正确运用信息资料			
互动交流情况	组内交流，教学互动	积极参与交流		30分	
		主动接受教师指导			
任务完成情况	任务准备情况	了解穿越机的基础知识		10分	
		能根据需要配置穿越机		10分	
	任务完成情况	能够正确使用穿越机进行拍摄		30分	
合计				100分	

练习与提升

1. 穿越机的组成结构是什么？
2. 穿越机拍摄时有哪些技巧？
3. 穿越机拍摄有哪些特点？

项目小结

本项目首先介绍了5种高级摄像模式，包括一键短片航拍模式、智能跟随航拍模式、指点飞行航拍模式、环绕飞行航拍模式、航点飞行航拍模式，然后介绍穿越机摄影摄像艺术，包括穿越机的含义、组成、拍摄特点、拍摄技巧等知识。通过本项目的学习，同学们要掌握高级摄像模式，能够独立根据所需场景进行航拍。

项目 7
全景影像航拍

所谓"全景摄影"，就是将所拍摄的多张照片拼成一张全景图。它的基本拍摄原理是搜索两张图片的边缘部分，并将成像效果最接近的区域加以重合，以完成图片的自动拼接。随着无人机技术的不断发展，人们可以使用无人机轻松拍出全景影像作品，而且非常方便地运用电脑软件进行后期拼接。

知识目标 ▶

1. 认识全景影像的基本知识。
2. 认识全景影像的拍摄方式。

能力目标 ▶

1. 能够正确进行全景影像的制作。
2. 能够正确进行航拍 VR 全景应用。

素质目标 ▶

1. 有高度的责任感，有严谨、认真、细致的工作作风。
2. 具有团队精神和合作意识，具有协调工作的能力和组织管理能力。
3. 有明确的职业理想和良好的职业道德，诚信为本，操守为重，敬业爱岗。
4. 开拓创新，与时俱进，具有较强的开拓创新精神。

任务 7.1　全景影像常识

在学习了一段时间的无人机摄影摄像知识后，我们开始尝试拍摄短片。在拍摄过程中，我们遇到了一个新的问题，如何拍摄全景影像呢？下面我们就来学习全景影像的基本知识。

📰 知识准备

7.1.1　全景影像的含义

全景"panorama"出自希腊语 pân（意思是全部的东西）与 hòrama（意思是可看见的，视野），因此这个词的意思就是全视角。全景图可以运用各种不同的方法制作。

最早的 360°全景拍摄展示的是早期芝加哥风光，现收藏于美国国会图书馆，它制作于 1840 年，是银版拍摄的一系列照片，然后并排拼贴在一起完成的，如图 7-1-1 所示。

图 7-1-1　早期芝加哥风光

7.1.2　认识投影

常见投影类型有方位投影（平面投影）、圆锥投影、圆柱投影，如图 7-1-2 所示。

1. 图像投影

等距离圆柱投影是数学变换中最简单的一种投影，也是全景投影常用的投影方式。经过投影处理后的全景图像是一幅 2∶1 比例的图片。图像中穿越中间的水平线无扭曲

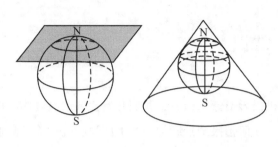
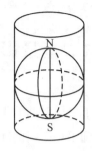

图 7-1-2　常见投影类型

变形，其他都有不同程度的扭曲变形，越接近两极，变形就越严重。如图 7-1-3 所示，横向水平的建筑线条、马路等都是弯曲的，建筑物的垂直线条、电线杆、笔直的树木等不会变形。

图 7-1-3　等距离圆柱投影示例

2. 立方体投影

如图 7-1-4 所示，它相当于一个由六幅图像拼合组成的立方体盒子，如果假设观察者位于立方体的中心，那么每幅图像都会对应立方体的一个表面，并且在物理空间中相当于水平和垂直都是 90°的视域范围。而观察者被这样的六幅画面包围在中心，最终的视域范围同样可以达到水平 360°、垂直 360°，并且画面是绝对不存在任何扭曲变形的。

这是一种很理想的投影结果，并且对于懂得使用一些离线渲染软件或者插件来制作和输出全景内容的人来说，这是最合适的一种选择。然而，在实际拍摄当中，由于设备原因，几乎不可能用到这种立方体的记录方式。

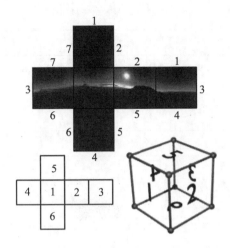

图 7-1-4　立方体投影示意图

3. 圆柱投影

圆柱投影(图 7-1-5)类似等矩形投影,随着目标接近南北两极,纵向也会拉伸,两极会发生无限的纵向拉伸。需要注意的是,柱面投影不太适合具有非常大的垂直视角的图像。柱面投影是传统摆动镜头全景胶片相机所提供的标准投影方式。

图 7-1-5　圆柱投影示例

📝 任务实施

根据所学知识,思考并回答以下问题:

(1)简述你对全景影像的认识。

（2）投影有哪些类型？全景投影常用的投影方式是什么？其有何特点？

任务评价

根据任务实施情况进行评价，填写任务评价表。

任务评价表

班级		组名		姓名	
出勤情况					
评价内容	评价要点	考查要点		分数	分数评定
查阅文献情况	任务实施过程中文献查阅	已经查阅信息资料		20分	
		正确运用信息资料			
互动交流情况	组内交流，教学互动	积极参与交流		30分	
		主动接受教师指导			
任务完成情况	任务准备情况	了解全景影像		10分	
		了解投影		10分	
	任务完成情况	正确检索需要的资料		15分	
		正确评价各种投影方式		15分	
合计				100分	

练习与提升

1. 说一说你对全景影像的认识。

2. 如何将真实三维世界投影到二维平面上且变形最小？

任务 7.2 全景影像的拍摄方式

在认识了全景影像的常识后，我们开始思考全景影像的拍摄方式。你知道全景影像的拍摄方式有哪些吗？下面我们就来学习全景影像的拍摄方式。

知识准备

7.2.1 专用设备拍摄

鱼眼镜头：鱼眼全景相机最终生成的全景图像即使经过校正也依然存在一定程度的失真和不自然，拍摄效果如图 7-2-1 所示。

图 7-2-1 鱼眼镜头拍摄效果

多镜头：可以避免鱼眼镜头图像失真的缺点，但是或多或少也会存在融合边缘效果不真实、角度有偏差或分割融合后有"附加"感的缺憾，如图 7-2-2 所示。

7.2.2 相机拍摄

相机拍摄需要数码相机(图 7-2-3)/手机+云台。在拍摄时，尽量选择手动曝光，降低照片直接色差；照片与照片之间保证 1/4 重叠度；拍摄时保持相机水平，可使用带水平仪的三脚架。

图 7-2-2　多镜头　　　　　　　图 7-2-3　数码相机

7.2.3　无人机拍摄

云台相机适用于空中拍摄地面全貌，无人机云台可控转动范围：俯仰 -90°至 +30°，机身可以 360°水平旋转，如图 7-2-4 所示。

图 7-2-4　无人机拍摄

无人机拍摄方式：

(1) 云台俯仰 15°、-5°、-35°、-65°四个角度环绕拍摄。

(2) 保证相片之间约 30% 的重叠度。

(3) 垂直地面向下拍摄一张。

无人机拍摄图像示例如图 7-2-5 所示。

拍照区域：水平向 0~360°，竖直向 -90°~15°，因为当仰角到极限的 30°时，顶部区域会大面积地拍到桨叶。

简单的方案：15°、-5°、-35°、-65°各拍 8 张照片，云台垂直地面 -90°拍 1 张照片。

图 7-2-5　无人机拍摄图像示例

7.2.4　几种拍摄方式的比较

全景相机或者带有鱼眼镜头或者广角镜头的相机，操作简单，无须复杂建模，能够非常容易地形成全景图，其缺点是专用设备价格非常昂贵，不易普及和使用。

采用普通相机拍摄+后期制作的方式，拍摄要求非常高，通常需要借助一些设备，如三脚架等完成拍摄。其优点是费用低；缺点是拍摄过程复杂，需要借助外部设备，后期制作过程比较复杂。

任务实施

根据所学知识，思考并回答以下问题：

(1)全景影像的专用设备有哪些？

_____

_____

(2)在没有专用设备时，如何拍摄全景影像？

_____

_____

_____

任务评价

根据任务实施情况进行评价，填写任务评价表。

任务评价表

班级		组名		姓名	
出勤情况					
评价内容	评价要点	考查要点		分数	分数评定
查阅文献情况	任务实施过程中文献查阅	已经查阅信息资料		20分	
		正确运用信息资料			
互动交流情况	组内交流，教学互动	积极参与交流		30分	
		主动接受教师指导			
任务完成情况	任务准备情况	了解全景影像专用设备		10分	
		了解普通设备拍摄全景影像的方法		10分	
	任务完成情况	正确选择需要的设备		15分	
		正确选择设备进行全景影像拍摄		15分	
合计				100分	

📝 练习与提升

1. 如图 7-2-6 所示，采用哪种方式拍摄更合理？

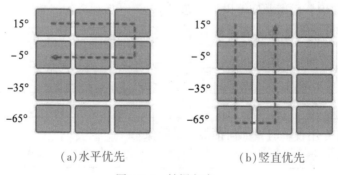

(a)水平优先　　　　(b)竖直优先

图 7-2-6　拍摄方式

2. 采用专用设备拍摄全景影像的优缺点是什么？

3. 采用普通设备拍摄全景影像的优缺点是什么？

任务 7.3　全景影像的后期制作

通常，人们多采用普通设备拍摄全景影像，故经常需要进行后期制作。下面我们就来学习全景影像的后期制作。

知识准备

7.3.1　拼接

拍摄完成的影像之间会存在一定的重叠度还有变形，直接输出会存在明显的叠加区域或者错误的接边，因此需要手动裁切和调整边缘区域。一般使用 PT GUI 软件进行拼接，通过提取特征点完成影像之间的匹配，如图 7-3-1 所示。

图 7-3-1　拼接示例

7.3.2　Photoshop 调整效果

目前，常规的无人机云台都无法垂直 90°拍摄天空，同时由于各种接缝且天空顶部容易出现缺失和扭曲，因此在全景拼接完成后需要补天。一般使用 Photoshop 进行补色、补天操作，如图 7-3-2 所示。

图 7-3-2　补天操作

7.3.3　漫游效果

全景图是一张静态的图像格式，需要利用全景转换软件转成 Flash 格式实现漫游效果。Pano2VR 是一个全景图像转换应用软件。全景图利用 Pano2VR 处理示意图如图 7-3-3 所示。

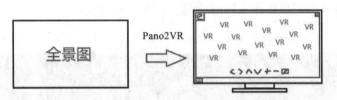

图 7-3-3　全景图利用 Pano2VR 处理示意图

7.3.4　发布

全景影像可以发布到 720 云网站 https：//720yun. com/，如图 7-3-4 所示。

图 7-3-4　720 云网站

任务实施

根据所学知识，思考并回答以下问题：

(1) 如何进行拼接处理?

_____

_____

_____

(2) 如何设置漫游效果?

_____

_____

_____

任务评价

根据任务实施情况进行评价，填写任务评价表。

任务评价表

班级		组名		姓名	
出勤情况					
评价内容	评价要点	考查要点		分数	分数评定
查阅文献情况	任务实施过程中 文献查阅	已经查阅信息资料		20 分	
		正确运用信息资料			
互动交流情况	组内交流，教学互动	积极参与交流		30 分	
		主动接受教师指导			
任务完成情况	任务准备情况	了解全景影像后期制作的知识		10 分	
		了解后期制作需要用到的软件		10 分	
	任务完成情况	正确选择需要的软件		15 分	
		正确进行全景影像后期制作		15 分	
合计				100 分	

练习与提升

1. 简述你对 Photoshop 的认识。

2. 简述你对 PT GUI 软件的认识。

3. 选取一段拍摄的视频进行全景影像的后期制作并发布。

任务 7.4　无人机航拍 VR 全景图应用

VR 全景是基于全景图像的真实场景虚拟现实技术，是虚拟现实技术中非常核心的部分。全景是把相机环绕 360°拍摄的一组或多组照片拼接成一个全景图像，通过计算机技术实现全方位互动式观看的真实场景还原展示方式。下面主要介绍无人机航拍 VR 全景图应用。

知识准备

7.4.1　VR 全景介绍

VR 即 virtual reality(虚拟现实)的缩写，VR 全景是一种新型的视觉展示技术，通过拍摄构建一个三维的模拟环境，让浏览者通过网络即可获得三维立体的空间感觉，犹如身在其中，观赏者可以对图像进行调整，如放大、缩小、移动等操控，再通过深入的编程，还可以实现场景中的热点链接、多个场景之间的虚拟漫游、雷达方位导航等功能，让人们在各个场景中随意走动，清清楚楚地观看其中每一处的细节。

其应用优势如下：

(1)VR 全景展示可以提高宣传效率。如果利用 VR 全景可以实现实物产品和环境的逼真化再现，让客户感觉到更直观和真实可靠。

(2)VR 全景展示可以调动顾客情绪，有利于沟通，提高服务品质。VR 全景作为一种新型的视觉展示技术，具有强沉浸性和强交互性，可以很好地提升产品与消费者之间的沟通效果，可将商品放入场景中进行展示，戴上 VR 设备让客户切身体会，从而提高服务品质。

(3)VR 全景展示可以降低营销成本，提升企业利润。有了 360°全景技术的应用，商城、公司的产品陈列厅，健身房，学校等相关空间的展示，不再有时间地点的限制。3D 全景展示，使得参观变得更加方便快捷，在很大程度上为宣传节省成本。

(4)VR 全景展示可用于人才交流、人员招聘。人们不是简单地通过零碎照片或效果图作出决定，新奇的 360°全景彰显公司的实力。

（5）VR 全景展示可推进其他行业发展。旅游公司竞相推出 360°VR 全景景区，人们出行前可以在全景技术与 VR 技术相结合的三毛游，通过 VR 全景身临其境般地体验游览景区及了解景点特征，方便人们出行，提升体验度。VR+旅游也可以实现一些弱势人群的旅游梦想。

7.4.2　VR 全景前景

1. 从行业发展来说

2020 年以来受疫情影响，绝大多数企业业绩受到了严重影响，但互联网公司受到的影响却非常小。原因如下。

首先互联网公司办公时间和场地都会相对自由很多，其次疫情催生了线上直播、短视频等行业的兴起，强大的客户需求更给互联网企业提供了前所未有的机遇。

2. 从国家政策看

2016 年以来，我国相继出台产业政策支持 VR/AR 行业发展。2018 年 12 月，工业和信息化部发布《工业和信息化部关于加快推进虚拟现实产业发展的指导意见》，从核心技术、产品供给、行业应用、平台建设、标准构建等方面提出了发展虚拟现实产业的重点任务。而"十四五"规划也指出，要将 VR/AR 产业列为未来五年数字经济重点产业之一。

3. 从市场行情数据来看

IDC 发布的《全球增强与虚拟现实支出指南》报告显示：2020 年全球 AR/VR（增强与虚拟现实）市场支出规模达到 120.7 亿美元，2020 年中国市场在 AR/VR 相关产品和服务的支出总量占据了全球过半的市场份额，2022 年超过 150 亿美元，成为推动数字经济发展的新动能。

7.4.3　VR 全景分类及应用

1. VR 全景分类

VR 全景包括 360°全景和 720°全景。其中，360°全景一般指水平方向一周都可以随意旋转视角去看，不能上下 360°地旋转视角去看，而 720°全景则可以。720°全景一般是指水平方向和纵向都能自由旋转去观看的，通俗来说就是四周和上下的全部景象都能看。720°全景是目前的主流。

2. VR 全景应用展示

（1）VR 全景在家装行业的应用如图 7-4-1 所示。只要戴上一副眼镜，眼前的世界就瞬间切换到一间样板房。用户不仅可以如现实中一般在样板房自由行走、观察样板房细节，还能感受 24 小时真实光照变化。

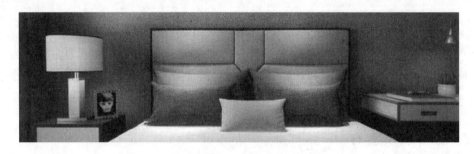

图 7-4-1　VR 全景在家装行业的应用

（2）VR 全景旅游如图 7-4-2 所示。游客和投资商通过 VR 全景技术，对旅游风景区有更直观真切的了解，便于吸引游客和投资商。

图 7-4-2　VR 全景旅游

（3）VR 全景教育如图 7-4-3 所示。高清 VR 全景展示可用于展示校园网站建设中的校园风光、重点实验室、校园文化等，使人身临其境，完美呈现。

（4）VR 全景酒店如图 7-4-4 所示。客人通过 360°全景技术，对酒店硬件设施有更直观真切的了解，方便吸引客人住店，给客人带来极深的印象，未住先知，身临其境。

图 7-4-3　VR 全景教育

图 7-4-4　VR 全景酒店

（5）VR 全景汽车如图 7-4-5 所示。VR 全景可以方便购车族通过网络在线看车，节省时间；交互性强，客户可以从任意角度观看汽车的内部和外部，可以放大缩小观看，更能给客户带来视觉上的冲击，同时给予客户更多自主挑选的机会。

图 7-4-5　VR 全景汽车

📝 **任务实施**

根据所学知识，思考并回答以下问题：

(1)简述你对 VR 全景的认识。

_____

_____

_____

(2)VR 全景的优势有哪些？你见过哪些行业的 VR 全景，简述自己对其的理解。

_____

_____

_____

任务评价

根据任务实施情况进行评价，填写任务评价表。

任务评价表

班级		组名		姓名	
出勤情况					
评价内容	评价要点	考查要点		分数	分数评定
查阅文献情况	任务实施过程中文献查阅	已经查阅信息资料		20 分	
		正确运用信息资料			
互动交流情况	组内交流，教学互动	积极参与交流		30 分	
		主动接受教师指导			
任务完成情况	任务准备情况	了解 VR 全景的知识		10 分	
		了解 VR 全景目前应用的行业		10 分	
	任务完成情况	正确认识 VR 全景		15 分	
		正确识别各行业的 VR 全景应用		15 分	
合计				100 分	

练习与提升

1. VR 全景具有哪些优势？

2. 如何对 VR 全景进行分类？

3. VR 全景应用的行业有哪些？

任务7.5　无人机实景三维建模

利用无人机拍摄的实景可以进行三维建模，下面我们就来学习相关知识与操作技巧。

知识准备

7.5.1　初识实景三维

实景三维(3D real scene)是对人类生产、生活和生态空间进行真实、立体、时序化反映和表达的数字虚拟空间。它是新型基础测绘标准化产品，是国家新型基础设施建设的重要组成部分，为经济社会发展和各部门信息化提供统一的空间基底。实景三维通过在三维地理场景上承载结构化、语义化、支持人机兼容理解和物联实时感知的地理实体进行构建。

(1)实景三维地理信息：基于影像匹配或激光扫描技术获取的反映地物三维信息的数据。

(2)实景三维 Mesh 模型：利用点云、实景影像等数据源制作的可量测的、具备实景纹理信息的连续三角面片模型。

(3)实景三维单体模型：利用点云、实景影像等数据源制作的可量测的、具备实景纹理信息的地物单体化三维模型。

更多的实景三维技术相关概念，可参考《实景三维中国建设技术大纲(2021 版)》。

7.5.2　无人机实景三维航测技术

1. 摄影测量

通俗地说，摄影测量就是通过摄影进行测量，其过程如图 7-5-1 所示。

图 7-5-1　摄影测量的过程

2. 倾斜摄影

倾斜摄影技术是国际测绘遥感领域新兴发展起来的一项高新技术，融合了传统的航空摄影、近景摄影测量、计算机视觉技术，颠覆了以往正射影像智能从垂直角度拍摄的局限，通过在同一飞行平台上搭载多台传感器（目前常用的是五镜头相机），同时从垂直、前视、左视、右视等不同角度采集影像，获取地面物体更为完整准确的信息。垂直地面角度拍摄获取的影像称为正片，镜头朝向与地面成一定夹角（倾斜角度一般在15°~45°）拍摄获取的影像称为斜片。倾斜摄影测量过程与成果如图7-5-2所示。

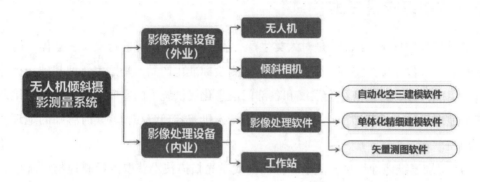

图 7-5-2　倾斜摄影测量过程与成果

7.5.3　无人机激光技术

在无人驾驶飞机嵌入式雷达上，这些脉冲中的每个脉冲都由激光发射器发送到地面。当这些脉冲之一遇到物体时，其返回的回声将被雷达光接收器捕获并转换为数字信号。该光在发射器与被反射的障碍物之间传播所需的时间用于测量传感器与所到达物体之间的距离。

实景三维模型高逼真、高真实、高精度地展示地物的几何结构、纹理色彩、空间位置等信息，在当前测绘应急保障、规划等领域具备极大的应用价值。但是，激光雷达和倾斜摄影建模技术均无法较好地满足快速建模应用需求，具体表现在：激光点云数据空间点离散、缺乏语义信息，直接应用困难；倾斜摄影测量作业周期长、生产效率低下。

随着激光点云技术的快速发展，基于激光点云和影像的快速实景三维优势明显。传统激光点云可穿透植被，多次回波，用于地形测绘、林业调查；点云与影像融合快速建模结构完善，实景三维可视化效果更好，应用更广。

7.5.4 无人机实景三维应用

1. 智绘城市数字孪生数字底座

智绘城市数字孪生数字底座在构建城市三维场景基础上,集成城市业务管理数据,实现城市多维数据的共享,辅助管理者全面掌控城市运行态势,加大监管力度和提高行政效率,如图 7-5-3 所示。

图 7-5-3 智绘城市数字孪生数字底座应用

2. 安保消防

无人机倾斜摄影系统可快速现场恢复目标区域的三维模型、准确地还原事发现场,便于相关人员设计进场处理突发事件或救援、疏散的路线,结合实时监控信息做到科学、快速地处理突发事件。

安保人员可以根据重建的三维模型制订安保预案,这要比凭借经验或者二维地图要精准、高效得多。安保消防应用示意图如图 7-5-4 所示。

3. 应急救援

(1)基于地图和大数据的可视化:实现应急突发事件救援与处置的扁平化、快捷化、科学化和高效协同能力,如图 7-5-5 所示。

图 7-5-4　安保消防应用示意图

图 7-5-5　基于地图和大数据的可视化

（2）在灾害事故现场，无人机可以进入救援人员无法到达的危险地点，并从空中视角拍摄到人力所不能及的范围，不需要到达现场，就能更准确、更直观地全方位了解灾害现场情况；能根据全景重建的三维模型，快速、高效地制定排险、疏通的治理方案。

4. 疫情防控

结合实景三维与 GIS 技术可视化，把"疫情防控隔离重点人口"的立体信息全面展现在地图上，提升重点人口管理水平，全面掌握隔离防控重点人口动态。

5. 道路选线

结合三维模型辅助道路工程选线，不但可以对现状情况清楚把握，在设计效果的表达方面，也可做到方案可视化，一目了然，如图 7-5-6 所示。

图 7-5-6 道路选线

6. 土地整治

实景三维主要用于规划设计阶段，以及进行设计前后对比，如图 7-5-7 所示。

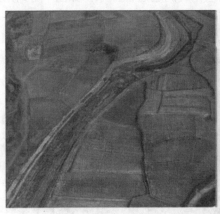 

图 7-5-7 土地整治

7. 城市规划

三维辅助规划加载规划设计方案，评审整体效果，量化模拟对周边建筑日照时长的影响，对退红距离、楼间距的基本规划指标进行定量分析和计算，如图 7-5-8 所示。

图 7-5-8　城市规划示意图

8. 古建筑保护

保护、修缮甚至重建古建筑，都需要将其基本信息建档。随着无人机的发展，古建筑保护方面开始借助无人机来更高效、智能地完成测绘建档工作，如图 7-5-9 所示。

图 7-5-9　古建筑保护

9. 智慧水务

以实景三维、无人机航测配合智能巡检，具有无人值守、全自主作业、灵活机动、多方位立体巡查等特点，已经逐渐替代传统人工巡检方式，让河道巡检工作变得更加高效精准，如图 7-5-10 所示。

图 7-5-10 智慧水务

📝 任务实施

根据所学知识，思考并回答以下问题：

(1)简述你对实景三维的认识。

_____

_____

_____

(2)你认为实景三维可以应用在哪些方面？

_____

_____

_____

📋 任务评价

根据任务实施情况进行评价，填写任务评价表。

任务评价表

班级		组名		姓名	
出勤情况					
评价内容	评价要点	考查要点		分数	分数评定
查阅文献情况	任务实施过程中文献查阅	已经查阅信息资料		20分	
		正确运用信息资料			
互动交流情况	组内交流，教学互动	积极参与交流		30分	
		主动接受教师指导			
任务完成情况	任务准备情况	了解实景三维		10分	
		了解实景三维目前应用的行业		10分	
	任务完成情况	正确认识实景三维		15分	
		正确识别各行业的实景三维应用		15分	
合计				100分	

📝 练习与提升

1. 实景三维具有哪些优势？
2. 实景三维应用的行业有哪些？

🗂 项目小结

本项目首先介绍了全景影像的常识，包括全景影像的含义、投影的类型等，然后介绍全景摄像的拍摄方式、后期制作等，最后介绍无人机航拍 VR 全景图的应用及实景三维建模。通过本项目的学习，同学们要掌握全景影像的拍摄方式及后期制作方式。

项目 8
航拍照片的后期处理

项目描述

　　想要航拍的摄影作品更加优秀，不仅要有好的构图、丰富的色彩及合理的画面空间感，还需要对航拍的照片进行必要的后期修饰与美化。使用图片处理软件可以对航拍的照片进行后期处理，修正照片的瑕疵，为照片添加特效等。本项目主要介绍精修照片的方法，熟练掌握相关内容，能使作品更加出彩。

知识目标

1. 认识图片拷取的方法。
2. 认识常用的图片处理软件。

能力目标

1. 能够使用手机进行图片处理。
2. 能够使用 Lightroom、Photoshop 进行图片处理。

素质目标

1. 有高度的责任感，有严谨、认真、细致的工作作风。
2. 具有团队精神和合作意识，具有创新精神，践行工匠精神。

任务 8.1 照片拷取

在处理照片前，要先将照片从机载相机复制到计算机中。那么，如何将照片从存储卡中复制出来？复制出来的照片文件存放到哪里？如何整理照片以方便日后查找？下面我们就来学习相关知识。

知识准备

8.1.1 复制数据

将照片从相机复制出来的方法主要有三种：第一种是使用手机应用无线传输；第二种是 USB 接口连接线拷取；第三种是使用读卡器，这是拷取图片最快捷的办法，同时复制过程中不需要耗费无人机的电量。

大多数航拍相机使用 Micro SD 存储卡。这种小卡可以放到 SD 卡套内，当作 SD 卡读取。许多笔记本电脑有 SD 卡槽，可以直接读取 SD 卡。

如果使用多卡拍摄，可以使用读卡器(图 8-1-1)。

图 8-1-1 读卡器

8.1.2 图片存储

照片一般会放到硬盘中，无论是磁盘还是固态硬盘，我们可根据自己的工作方式选择是外置的还是内置的，如可以把照片和视频存入外置硬盘。

8.1.3 图片管理

管理图片的系统有很多，关键是要一以贯之。无论我们使用什么方法对图片进行分类和管理，一定要坚持一直使用这种方法，这样就不会误删重要文件。我们可以按照使用的相机、拍摄日期、拍摄地点来设置文件夹，对复制下来的照片进行分类。

使用文件夹管理图片有一定局限性，我们还需要先用数据描述图片文件的属性。设置元数据，方便文件的查找，可以帮助我们更好地管理拍摄文件。

我们也可以使用 Lightroom 软件对拍摄的图片和视频进行分类。可以在该软件中为所有的航拍照片和视频设置一个目录，根据拍摄地点，目录下设各类收藏夹、子收藏夹。在导入照片时，可以为照片编辑关键词。这些分类与关键词可以帮助我们日后寻找照片。像日期、拍摄时间、GPS 坐标等信息都可以写入文件，便于存档。

我们也可以使用 Lightroom 的智能收藏夹自动实现一些如 HDR 合成图片及已处理图片的整理。例如，可以创建一个智能收藏夹，将所有 TIFF 和 PSD 格式的文件自动收入其中。

📝 任务实施

根据所学知识，思考并回答以下问题：

(1) 如何进行数据的拷取？

_____

_____

(2) 存储数据时应注意什么？

_____

_____

(3) 简述你常用的图片管理方法。

_____

_____

🗒 任务评价

根据任务实施情况进行评价，填写任务评价表。

任务评价表

班级		组名		姓名	
出勤情况					
评价内容	评价要点	考查要点		分数	分数评定
查阅文献情况	任务实施过程中文献查阅	已经查阅信息资料		20分	
		正确运用信息资料			
互动交流情况	组内交流，教学互动	积极参与交流		30分	
		主动接受教师指导			
任务完成情况	任务准备情况	了解图片拷取知识		10分	
		了解图片管理知识		10分	
	任务完成情况	正确进行图片复制		15分	
		条理清晰地进行图片管理		15分	
合计				100分	

练习与提升

简述常用的图片存储器材，并说明其优缺点。

任务 8.2 使用 Lightroom 管理图片

Lightroom 软件可以很好地对所有航拍图片和视频进行整理，本任务介绍使用 Lightroom 管理图片的方法。

知识准备

8.2.1 目录

目录是储存所有照片信息的地方。Lightroom 软件并不储存照片，但它"知道"照片在哪里。我们可以利用 Lightroom 软件，为每张图片存储一定的文字说明，即 .xmp 文件。这个文件保存相机写入的 EXIF 数据，内含快门速度、拍照时间等信息，同时还保存我们添加的元数据，如关键词等。通过软件对图片所做的如亮度、对比度、渐变滤镜等修改动作也都被该文件记录。当我们用 Lightroom 打开一张照片时，呈现在我们眼前的是照片预览图及各种图片信息，我们可以调整滑块改变显示内容。

一个目录就是一个数据库，我们可以创建多个目录，但一次只能打开一个。例如为所有的航拍图片创建一个目录，如果要查看一个目录的所有照片，就需要在图库模式的目录框内选择"所有照片"。如果没有选择"所有照片"，可能会遗漏一些照片。

向下滑动鼠标，我们会发现"文件夹"界面(图 8-2-1)。这里显示的是图片物理储存位置。如果要改变图片的存储路径，可以在"文件夹"界面操作，如将图片文件拖入一个文件夹。不要在硬盘操作，这样 Lightroom 软件无法显示变化，即移动已经导入的文件一定要在软件内操作，而不是在硬盘上移动。

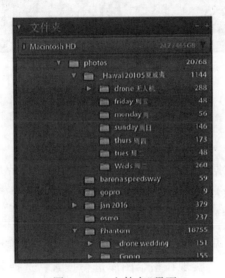

图 8-2-1　"文件夹"界面

8.2.2　收藏夹

大多数情况下，我们并不想面对着导入的全部照片去处理，我们希望界面显示的是某一地方拍摄的某些照片，这时可以使用收藏夹功能。图库可下设多个收藏夹，用于迅速将照片分组整理。当我们点击一个"收藏夹"时，只有在里面的照片才会显示。

在收藏夹一栏，点击"+"创建一个收藏夹并输入名称。如果这时已选定照片，则可在创建时选择"包括选定的图片"，这样新建的收藏夹就会自动收入那些照片。如果没有选定照片或不选择"包括选定的图片"，则创建了一个空收藏夹。

我们可以将计算机文件夹或网格视图中的图片轻松拖入收藏夹，也可单张或多张添加。图片拖入收藏夹并不会改变图片的物理存储路径。

8.2.3 关键词

"关键词"菜单在图库模式界面的右侧。在那里我们可以添加关键词，帮助日后查找管理图片，如图 8-2-2 所示。

图 8-2-2 "关键词"菜单

8.2.4 查找图片

我们学会了添加元数据，也要学会使用元数据来查找图片。设定的关键词及元数据可以使用"图库过滤器"来检索。让界面显示"图库过滤器"的方法是：在菜单栏点击"视图"，选择"显示过滤器栏"或者按"Shift+"。

选择检索的标准是根据文本、属性、元数据还是无（选择"无"则关闭过滤器）。我们还可以选择"所有照片"，实现在整个图库进行搜索；选择某个收藏夹，意味着只对这个收藏夹里的照片进行筛选和查找。

8.2.5 属性

在"图库过滤器"一栏中，"属性"是一个十分有用的选项，可以帮助我们按照文件属性来实现文件的过滤和显示，如分开图片文件和视频文件，如图 8-2-3 所示。

图 8-2-3 "属性"选项

在"属性"一栏的最右边，如图 8-2-4 所示，有三个按键。点击最后一个按键(图标为电影幻灯片)，则可以隐藏所有照片，只显示视频，为后期节省不少时间。

图 8-2-4　"属性"栏类型按键

📝 任务实施

根据所学知识思考并回答以下问题：

(1)简述安装 Lightroom 的过程。

_____

_____

_____

(2)使用 Lightroom 管理图片时应注意什么？

_____

_____

_____

_____

📋 任务评价

根据任务实施情况进行评价，填写任务评价表。

任务评价表

班级		组名		姓名	
出勤情况					
评价内容	评价要点	考查要点		分数	分数评定
查阅文献情况	任务实施过程中 文献查阅	已经查阅信息资料		20 分	
		正确运用信息资料			
互动交流情况	组内交流，教学互动	积极参与交流		30 分	
		主动接受教师指导			
任务完成情况	任务准备情况	了解 Lightroom		10 分	
		了解使用 Lightroom 进行图片管理的知识		10 分	
	任务完成情况	正确安装 Lightroom		15 分	
		能够使用 Lightroom 管理图片		15 分	
合计				100 分	

📝 **练习与提升**

1. 简述你对 Lightroom 的认识。

2. 如何使用 Lightroom 管理图片？

任务 8.3　使用 Lightroom 修图

在了解了照片拷取及管理的方法后，下面学习使用 Lightroom 进行修图的步骤，包括使用 Lightroom 进行图片的裁剪、旋转等。

📑 知识准备

8.3.1　导入素材

（1）打开 Lightroom 并熟悉软件界面，如图 8-3-1 所示。

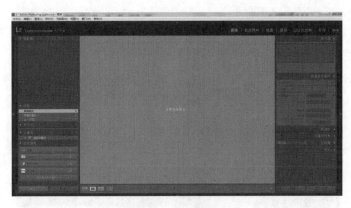

图 8-3-1　软件界面

（2）点击"图库"，进入图库状态，如图 8-3-2 所示。

图 8-3-2　点击"图库"

（3）在弹出的导入窗口左侧源中，选择需要导入的照片路径，在中间照片窗口中勾选需要导入的照片，然后点击右下角的"导入"按钮，如图 8-3-3 所示。

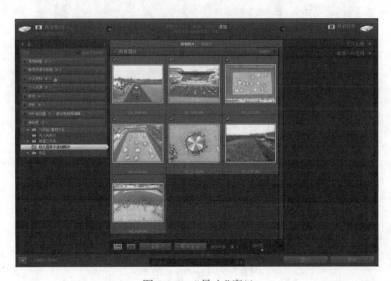

图 8-3-3　"导入"窗口

（4）游览照片，如图 8-3-4 所示。

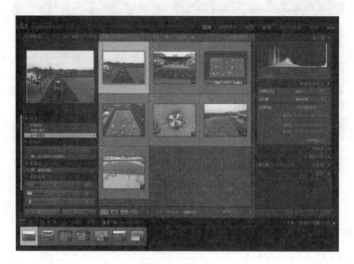

图 8-3-4　游览图片

8.3.2　认识 Lightroom

1. Lightroom 界面

Lightroom 界面中有菜单栏、过滤器栏、模块选取器、胶片显示窗格等，如图 8-3-5

1—菜单栏；2—身份标识；3—过滤器栏；4—模块选取器；5—左侧面板；
6—照片显示处理工作区；7—右侧面板；8—工具栏；9—胶片显示窗格

图 8-3-5　Lightroom 界面

所示。Lightroom 软件主要有七个功能模块，分别是"图库""修改照片""地图""画册"
"幻灯片放映""打印"和"Web"，每个模块都特别针对摄影工作流程中的某个特定环节，
如"图库"模块用于导入、浏览、筛选照片。

2. 模块界面介绍

(1)图库：将图像在一个目录下进行查找、预览，如图 8-3-6 所示。

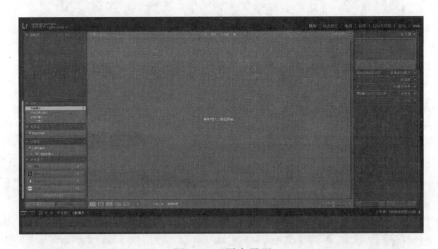

图 8-3-6　图库界面

(2)修改照片：对图像进行修改、调整的模块，如图 8-3-7 所示。

图 8-3-7　修改照片界面

(3)地图：可以在地图上查看拍摄照片的位置，如图 8-3-8 所示。

213

图 8-3-8　地图界面

(4)画册：可创建自定义画册，如图 8-3-9 所示。

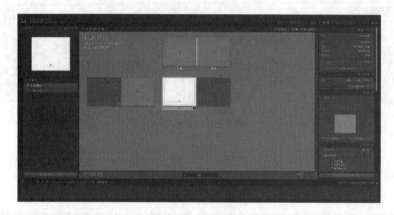

图 8-3-9　画册界面

(5)幻灯片放映：可以幻灯片模式播放图像，如图 8-3-10 所示。

图 8-3-10　幻灯片放映界面

（6）打印：对编辑的图像进行打印操作的模块，如图 8-3-11 所示。

图 8-3-11　打印界面

（7）Web：可将图像上传至指定 Web 服务器，如图 8-3-12 所示。

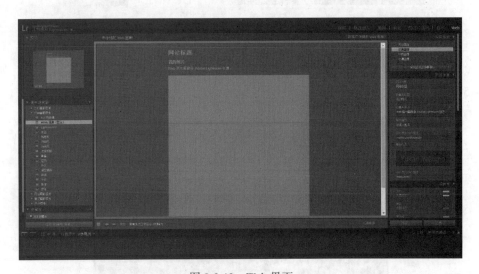

图 8-3-12　Web 界面

8.3.3　裁剪图像

（1）点击模块窗口中的"修改照片"，进入修改照片模块，如图 8-3-13 所示。

图 8-3-13　点击模块窗口中的"修改照片"

（2）点击菜单栏中"照片"下的"逆时针旋转"，将图片旋转，如图 8-3-14 所示。

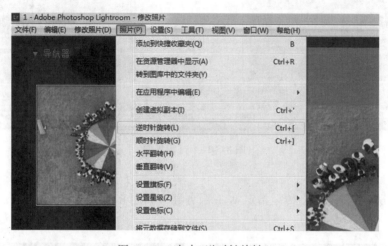

图 8-3-14　点击"逆时针旋转"

（3）点击右侧面板中的"裁剪并修齐"按钮，图片工作显示区进入裁剪状态，如图 8-3-15所示。

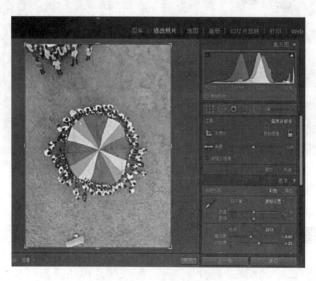

图 8-3-15　裁剪并修齐

（4）进行裁剪，获得合适裁剪效果后，点击"完成"按钮，如图 8-3-16 所示。

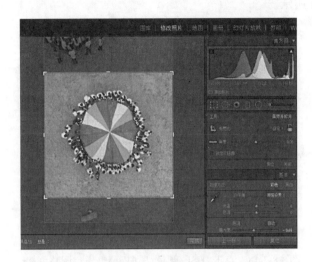

图 8-3-16　裁剪图片

8.3.4　调整图片

对图片进行调整处理，首先调整右侧面板的调整基本栏，包含图片色温、色调、曝光度、对比度、清晰度、鲜艳度、饱和度等选项。将原始图片中冬天黄色的草地转变成为绿色草地，可调整曝光度为−0.65，对比度为+25，白色色阶为+23，黑色色阶为+1，如图 8-3-17 所示。

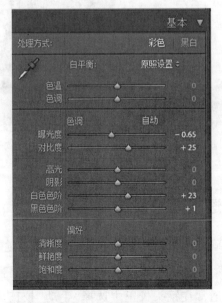

图 8-3-17　调整基本栏

点击"HSL/颜色/黑白"调整栏，将色相中的黄色、绿色增加10，对绿色草地进行微调整，如图8-3-18所示。

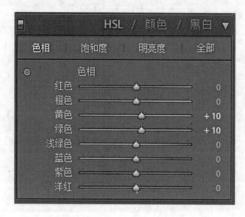

图8-3-18　点击"HSL/颜色/黑白"调整栏，调整色相

完成调整后，我们需要对图片进行导出。点击菜单栏"文件"下的"导出"命令，如图8-3-19所示，弹出导出窗口，进行导出。

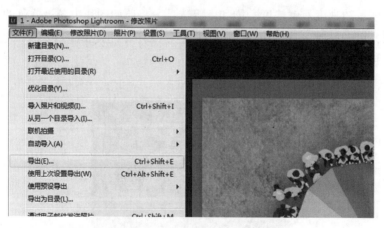

图8-3-19　点击菜单栏"文件"下的"导出"命令

8.3.5　Lightroom透视调整操作

图像的透视调整能正确还原拍摄时物体外形线条正常视觉效果，让我们得到与实际拍摄环境一样的视觉图像。Lightroom软件具有较强的透视调整功能，主要通过右侧面板的镜头校正进行调整。通常在镜头校正中选择"手动"校正页面是我们常用的校正操

作，可以通过调整不同的参数实现手动对照片透视效果的校正。页面中"变换"部分的选项，主要扭曲度、垂直、水平、旋转、比例、长宽比。通过这些参数的调整结合裁剪操作，我们可以将图片变形部分调整为正常状态。

任务实施

根据所学知识填写实施过程记录表。

实施过程记录表

修图	任务工单	班级：
		姓名：
1. 简述 Lightroom 软件界面的组成。		
2. 利用 Lightroom 软件进行修图训练。		
总结与提升：		

任务评价

根据任务实施情况进行评价，填写任务评价表。

任务评价表

班级		组名		姓名	
出勤情况					
评价内容	评价要点	考查要点		分数	分数评定
查阅文献情况	任务实施过程中文献查阅	已经查阅信息资料		20 分	
		正确运用信息资料			

续表

评价内容	评价要点	考查要点	分数	分数评定
互动交流情况	组内交流，教学互动	积极参与交流	30 分	
		主动接受教师指导		
任务完成情况	任务准备情况	了解 Lightroom 的基本功能	10 分	
		能根据需要使用 Lightroom 进行修图	10 分	
	任务完成情况	能够正确选取所需功能进行图片处理	30 分	
合计			100 分	

📝 **练习与提升**

1. 请运用所学知识调整自己航拍完成的图片。
2. 简述 Lightroom 软件修图的基本步骤。

任务 8.4　使用手机处理航拍照片

使用手机 App 可以快速处理航拍的照片，即时分享到朋友圈中。本任务主要讲解美图秀秀 App，它独有的图片特效、拼图、场景以及边框等功能，加上每天更新的精选素材，可以让用户快速修出精美的航拍照片，还能一键分享到各大热门社交网站。

📋 **知识准备**

8.4.1　裁剪照片的尺寸

（1）在美图秀秀 App 中打开一张照片，点击左下角的"编辑"按钮，如图 8-4-1 所示。

（2）执行操作后，进入"裁剪"界面，用户可以通过自由裁剪或按一定比例裁剪的方式来裁剪照片，如图 8-4-2 所示。其中，裁剪的比例包括 1∶1、2∶3、3∶2、3∶4、4∶3、9∶16、16∶9 等多种形式。

图 8-4-1 点击"编辑"按钮   图 8-4-2 "裁剪"界面

（3）用户也可以选择自由裁剪模式，点击"自由"按钮后拖曳预览区中的裁剪框，选定要裁剪的区域即可，如图 8-4-3 所示。

（4）确定裁剪区域后，点击"✓"确认裁剪按钮，即可完成照片裁剪操作，如图8-4-4所示。

图 8-4-3 点击"自由"按钮   图 8-4-4 裁剪完成效果

8.4.2 调整照片影调与色彩

（1）在美图秀秀 App 中打开一张照片，点击左下角的"调色"按钮，进入"光效"界面，如图 8-4-5 所示。

（2）向右拖曳"智能补光"滑块，将参数调整为 1，给画面补光，如图 8-4-6 所示。

（3）设置"对比度"参数为 11，调整画面对比度效果，改善光线，如图 8-4-7 所示。

图 8-4-5　"光效"界面　　　　图 8-4-6　智能补光　　　　图 8-4-7　设置"对比度"

（4）设置"饱和度"参数为 30，调整画面饱和度效果，增强色彩，如图 8-4-8 所示。

（5）设置"色温"参数为-42，调整画面的色温与色彩平衡，如图 8-4-9 所示。

（6）设置"高光"参数为-42，降低照片的高光效果，如图 8-4-10 所示。

（7）设置"暗部"参数为-20，改善画面暗部效果，如图 8-4-11 所示，完成照片的调色操作，如图 8-4-12 所示。

图 8-4-8　设置"饱和度"　　　图 8-4-9　设置"色温"　　　图 8-4-10　设置"高光"

图 8-4-11　设置"暗部"　　　　　图 8-4-12　调色后效果

8.4.3　使用滤镜一键调色

美图秀秀 App 不仅可以对照片的色彩、构图等进行修复，还可以一键轻松生成几十种风格特效、美颜特效以及艺术格调等，快速将普通的照片变成唯美而有个性的影楼级照片，还可以为同一张照片添加多种特效，制作出与众不同的艺术化照片效果，使照片更加吸引人。

在美图秀秀 App 中打开照片，点击底部的"滤镜"按钮，进入"滤镜"界面，用户可以点击相应的效果缩览图来应用相应特效，如图 8-4-13 所示。

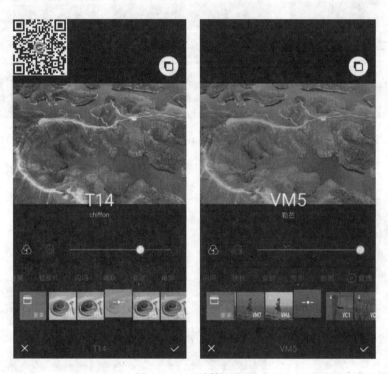

图 8-4-13　"滤镜"界面

8.4.4　去除照片中的污点

美图秀秀 App 中的"消除笔"工具在修饰小部分图像时会经常用到，"消除笔"工具不需要指定采样点，只需要在照片中有杂色或污渍的地方点击进行涂抹，即可修复图像。

在美图秀秀 App 中打开照片，点击底部的"消除笔"按钮，在画面中需要去除的湖中树木处进行涂抹，涂抹呈黄色状，即可对画面进行修复操作，如图 8-4-14 所示。

图 8-4-14　去除照片中的污点

8.4.5　给画面添加边框装饰

美图秀秀 App 提供了多种类型的边框素材，用户可以根据航拍照片的风格为其添加相应的边框效果，使照片更具观赏性。

在美图秀秀 App 中打开需要添加边框的照片，点击底部的"边框"按钮，默认进入"海报边框"界面，用户可以点击相应的海报边框缩览图来应用边框效果；进入"简单边框"界面，可以为照片添加简单边框；进入"炫彩边框"界面，可以为照片添加炫彩边框，如图 8-4-15 所示。

8.4.6　为照片添加文字效果

(1)在美图秀秀 App 中打开一张照片，点击下方的"文字"按钮，如图 8-4-16 所示。

(2)进入编辑界面，上方显示文本框，在下方选择"北京"模板，如图 8-4-17 所示。

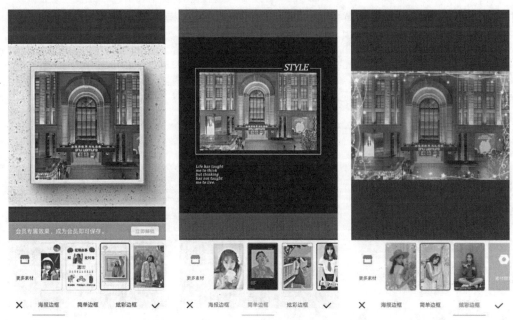

图 8-4-15　为照片添加边框

图 8-4-16　点击"文字"按钮　　　　图 8-4-17　选择"北京"模板

（3）应用文字模板，显示了相应的地点名称，如图 8-4-18 所示。

（4）点击文字，进入编辑界面，更改文字的内容，并将字体颜色设置为黑色，将文本框移至界面右上角位置，如图 8-4-19 所示。

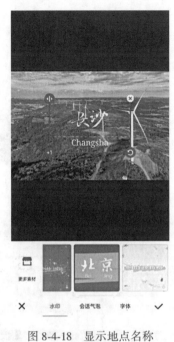

图 8-4-18 显示地点名称

图 8-4-19 编辑文字

（5）对文字进行缩放操作，并旋转文字的角度。

（6）文本制作完成后，效果如图 8-4-20 所示。

图 8-4-20 文字完成效果

8.4.7 制作多张照片的拼图效果

（1）进入美图秀秀 App 主界面，点击"拼图"按钮，如图 8-4-21 所示。

（2）进入"图片和视频"界面，选择需要拼图的素材，这里选择 3 张航拍的照片，如图 8-4-22 所示。

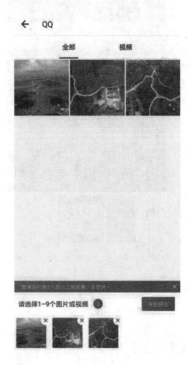

图 8-4-21 点击"拼图"按钮　　　　　　图 8-4-22 选择需要拼图的素材

　　（3）点击"开始拼图"按钮，进入"拼图"界面，选择相应的海报拼图样式，如图 8-4-23 所示。

　　（4）点击"自由"标签，可以进行自由拼图，如图 8-4-24 所示。

　　（5）点击"拼接"标签，选择相应的拼接模板，即可拼接长图片，如图 8-4-25 所示。

　　（6）拼接完成后，点击确认按钮，预览拼接的照片效果，如图 8-4-26 所示。

图 8-4-23　进入"拼图"界面

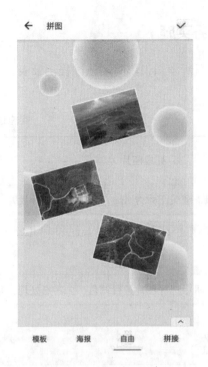

图 8-4-24　进行自由拼图

图 8-4-25　选择相应的拼接模板

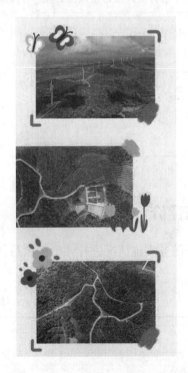

图 8-4-26　预览拼接的照片效果

📝 任务实施

根据所学知识填写实施过程记录表。

实施过程记录表

处理照片	任务工单	班级： 姓名：
1. 手机下载美图秀秀 App，选择图片进行裁剪，并展示效果。		
2. 在手机中选择图片进行调色、去污点处理，并展示效果。		
3. 在手机中选择图片进行拼长图处理，并展示效果。		
总结与提升：		

📋 任务评价

根据任务实施情况进行评价，填写任务评价表。

任务评价表

班级		组名		姓名	
出勤情况					

续表

评价内容	评价要点	考查要点	分数	分数评定
查阅文献情况	任务实施过程中文献查阅	已经查阅信息资料	20 分	
		正确运用信息资料		
互动交流情况	组内交流，教学互动	积极参与交流	30 分	
		主动接受教师指导		
任务完成情况	任务准备情况	了解美图秀秀的基本功能	10 分	
		能根据需要使用美图秀秀进行修图	10 分	
	任务完成情况	能够正确选取所需功能进行图片处理	30 分	
合计			100 分	

📝 练习与提升

1. 请利用美图秀秀调整自己航拍完成的图片。

2. 简述使用美图秀秀拼图的基本步骤。

任务 8.5　使用 Photoshop 精修照片

要想航拍出来的摄影作品更加优秀，不仅要有正确的构图、丰富的色彩及画面的空间感，还需要对航拍的照片进行后期修饰与美化，使用 Photoshop 可以对航拍的风光照片进行后期处理，从而完善照片的缺憾，使之更加完美。本任务介绍使用 Photoshop 精修照片的方法。

📖 知识准备

8.5.1　对照片进行裁剪操作

(1) 点击"文件"→"打开"命令，打开一幅素材图像，如图 8-5-1 所示。

(2) 在工具箱中，选取裁剪工具，如图 8-5-2 所示。

图 8-5-1　打开一幅素材图像

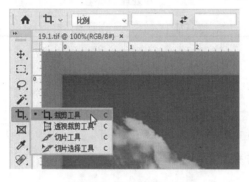

图 8-5-2　选取裁剪工具

（3）此时，照片边缘会显示一个变换控制框，将鼠标移至变换控制框上，当鼠标指针改变形状时，拖曳鼠标控制裁剪区域大小，确定需要剪裁的区域，如图 8-5-3 所示。

图 8-5-3　确定需要剪裁的区域

（4）按【Enter】键确认，即可完成照片的裁剪，如图8-5-4所示。

图 8-5-4　完成照片的裁剪

（5）点击"图像"→"图像旋转"→"水平翻转画布"命令，对照片进行水平翻转，如图 8-5-5 所示。

图 8-5-5　水平翻转效果

8.5.2　调整亮度、对比度与饱和度

（1）点击"文件"→"打开"命令，打开一幅素材图像。

（2）在菜单栏中，点击"图像"→"调整"→"亮度/对比度"命令，弹出"亮度/对比度"对话框，设置"亮度"为100，点击"确定"按钮，即可提亮画面，如图8-5-6所示。

（3）点击"图像"→"调整"→"自然饱和度"命令，弹出"自然饱和度"对话框，设置"自然饱和度"为80、"饱和度"为30，点击"确定"按钮，即可调整照片的饱和度，加强照片的视觉色彩，如图8-5-7所示。

图 8-5-6　提亮画面

图 8-5-7　加强照片的视觉色彩

8.5.3　使用曲线功能调整照片色调

（1）按【Ctrl+O】组合键，打开一幅素材照片。

（2）按【Ctrl+J】组合键，拷贝"背景"图层，即可得到"图层 1"图层，点击面板底部的"创建新的填充或调整图层"按钮，在弹出的列表框中选择"曲线"选项，新建"曲线 1"调整图层，如图 8-5-8 所示。

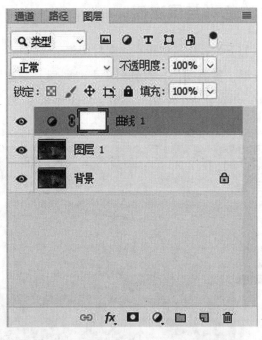

图 8-5-8 "图层 1"图层和"曲线 1"调整图层

（3）在"属性"选项面板中的曲线上，添加两个控制点，设置相应的参数，调整照片的亮度色彩，如图 8-5-9 所示。通过曲线调整的照片效果如图 8-5-10 所示。

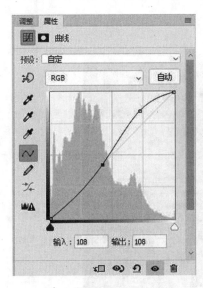

图 8-5-9 调整照片的亮度色彩　　　　图 8-5-10 通过曲线调整的照片效果

8.5.4　调整照片的色彩与层次感

（1）点击"文件"→"打开"命令，打开一幅素材图像。

（2）按【Ctrl+J】组合键，复制图层，得到"图层1"图层，新建"亮度/对比度1"调整图层，设置"亮度"为10、"对比度"为40，如图8-5-11所示。

图 8-5-11　设置"亮度""对比度"

（3）新建"色阶1"调整图层，设置黑、灰、白3个滑块的参数依次为20、1.2、255，如图8-5-12所示。

图 8-5-12　色阶设置

(4)新建"自然饱和度 1"调整图层，设置"自然饱和度"为 50、"饱和度"为 40，如图 8-5-13 所示。

图 8-5-13　"自然饱和度 1"调整图层的设置

(5)新建"色彩平衡 1"调整图层，设置"色调"为"中间调"，设置相应的参数依次为 −11、−4、38，即可调整照片的色彩与层次感，效果如图 8-5-14 所示。

图 8-5-14　色彩与层次感的调整效果

8.5.5　使用 ACR 调整照片的颜色

（1）点击"文件"→"打开"命令，打开一幅素材图像。

（2）按【Shift+Ctrl+A】组合键，打开 Camera Raw 窗口，在"基本"面板中，设置"色温"为-10、"曝光"为0.95、"对比度"为24、"高光"为-10、"阴影"为17、"白色"为22、"自然饱和度"为36、"饱和度"为12，调整照片的颜色与质感，如图8-5-15所示。

图 8-5-15　调整照片的颜色与质感

（3）设置完成后，点击"确定"按钮，调整照片效果，如图8-5-16所示。

图 8-5-16　颜色调整效果

8.5.6　去除照片中的杂物或水印

(1)点击"文件"→"打开"命令，打开一幅素材图像。

(2)在工具箱中，选取污点修复画面工具，在需要修复的图像区域，按住鼠标左键并拖曳，进行涂抹，如图 8-5-17 所示。

图 8-5-17　进行涂抹

(3)释放鼠标左键后，即可对照片涂抹的区域进行修复，用与上同样的方法，对照片中的其他部分进行修复操作，使江面显得更加干净，如图 8-5-18 所示。

图 8-5-18　江面最终修复效果

8.5.7　给照片四周添加暗角效果

为航拍的风景照片添加暗角艺术特效，可以使画面更加立体，还能使画面中的主体更加突出。下面介绍为照片添加暗角特效的操作方法。

（1）点击"文件"→"打开"命令，打开一幅素材图像。

（2）按【Shift+Ctrl+A】组合键，打开 Camera Raw 窗口，展开"光学"面板，在其中设置"晕影"为−100、"中点"为27，如图 8-5-19 所示。

图 8-5-19　展开"光学"面板并设置参数

执行上述操作后，即可给照片添加暗角效果，使画面中的主体更加突出，如图8-5-20所示。

图 8-5-20　添加暗角效果

✍ 任务实施

根据所学知识填写实施过程记录表。

实施过程记录表

修图	任务工单	班级:
		姓名:
1. 下载 Photoshop，选择图片进行裁剪，并展示效果。		
2. 选择图片进行调色、去污点处理，并展示效果。		
3. 给照片四周添加暗角效果，并展示效果。		
总结与提升：		

🗒 任务评价

根据任务实施情况进行评价，填写任务评价表。

任务评价表

班级		组名		姓名	
出勤情况					
评价内容	评价要点	考查要点		分数	分数评定
查阅文献情况	任务实施过程中 文献查阅	已经查阅信息资料		20 分	
		正确运用信息资料			

续表

评价内容	评价要点	考查要点	分数	分数评定
互动交流情况	组内交流，教学互动	积极参与交流	30 分	
		主动接受教师指导		
任务完成情况	任务准备情况	了解 Photoshop 的基本功能	10 分	
		能根据需要使用 Photoshop 进行修图	10 分	
	任务完成情况	能够正确选取所需功能进行图片处理	30 分	
合计			100 分	

📝 练习与提升

1. 请利用 Photoshop 调整自己航拍完成的图片。
2. 简述使用 Photoshop 处理图片的基本步骤。

🗂 项目小结

本项目首先介绍了照片拷取的知识，然后介绍使用 Lightroom 管理图片、修图的步骤等，最后介绍使用手机、Photoshop 精修图片的步骤。通过本项目的学习，同学们要掌握图片的后期处理方法。

项目 9
航拍视频的后期处理

项目描述

使用无人机拍摄视频影片是一件令人激动的事情。本项目将介绍航拍视频后期剪辑的一些基础知识。目前有很多编辑视频的软件，如iMovie、GoPro Studio、Sony Vegas、Adobe Premiere Pro、Apple Final Cut Pro、Avid Media Composer、Photoshop等。本项目介绍常用的航拍视频处理软件。

知识目标

1. 认识常用的视频处理软件。
2. 认识视频处理的常见方式。

能力目标

1. 能够正确进行视频的处理。
2. 能够正确使用剪映、Premiere等软件。

素质目标

1. 有明确的职业理想和良好的职业道德，诚信为本，操守为重，敬业爱岗。
2. 开拓创新，与时俱进，具有较强的开拓创新精神。

任务 9.1　视频处理软件介绍

在进行视频编辑前，首先需要了解视频处理软件，下面我们就来认识常见的视频处理软件。

知识准备

目前，市面上的视频处理软件琳琅满目，无论是预装在电脑中的小软件，还是应用于电视、电影剪辑制作的专业软件。其中有些软件是免费的，或者说是近乎免费的，如 GoPro Studio、iMovie、Windows Movie Maker、DaVinci Resolve Lite 等。此外，我们还可以使用 Adobe Photoshop CS6 Extended 和 Photoshop CC 两款图像软件来编辑视频。

有一些专业软件是需要购买的。比较常见的软件有 Adobe Premiere Pro、Apple Final Cut Pro、Avid Media Composer 和 Sony Vegas 等；还有一些软件专门用来制作后期效果和为视频调色，如 After Effects、Speed Grade、Da Vinci Resolve 等，它们也可对视频进行编辑，但处理效率不如前面的综合编辑软件。

1. GoPro Studio

GoPro Studio 是一款专业的视频制作软件，内置了充足的 GoPro 实际效果模板，能让用户迅速得到好看的视频实际效果。模板内置背景音乐和慢镜头等实际效果，只需应用自身的视频精彩片段来更换用户带来的视频精彩片段就可以。

作用及特点：

(1)剪修、编写及合拼视频精彩片段。

(2)加上文章标题、歌曲、声轨以及其他内容。

(3)鱼眼镜头调整操纵。

(4)调整快姿势或慢镜头的视频回看速度。

(5)导出来全分辨率的视频静态数据帧。

(6)依照延迟相片的拍摄次序制作视频。

(7)适用 H.264mp4 格式和 .mov 格式文档。

2. iMovie

iMovie 是一款基于 macOS 编写的视频处理软件，是 Macintosh 电脑上的应用程序套装

iLife 的一部分，之后于 WWDC 2010 推出了 iOS 版本。它允许用户剪辑自己的家庭电影。

iMovie 3 和以后的版本只能运行在 Mac OS X 上，早期的 iMovie(2.0.3) 可以在 Mac OS 9 上运行。iMovie 首次出现后，因为简洁而受到欢迎，大多数的工作只需要简单点击和拖曳就能完成。

iMovie 可以剪辑、加入标题和音乐，并能加入诸如淡入、淡出和幻灯等效果。

3. Movie Maker Live

Movie Maker Live 是 Windows Me 及以上版本附带的一个影视剪辑小软件(Windows XP 带有 Movie Maker)。

它功能比较简单，可以组合镜头、声音，加入镜头切换的特效，只要将镜头片段拖入即可，很简单，适合家用摄像后的一些小规模处理。通过 Windows Movie Maker Live (影音制作)，用户可以简单明了地将一堆家庭视频和照片转变为感人的家庭电影、音频剪辑或商业广告。剪裁视频，添加配乐和一些照片，然后只需点击一下就可以添加主题，从而为电影添加匹配的过渡和片头。

4. DaVinci Resolve Lite

DaVinci Resolve Lite 的研发是为了更好地简化影视行业中不一样工具软件的融合，让时间线可以在 DaVinci Resolve 和 Final Cut Pro、Avid Media Composer、Premiere Pro 等视频处理软件中间导进、导出。

伴随工作内容的更改，愈来愈多的后续工作在拍摄现场开展。照明灯具和别的拍摄阶段也常常根据校色查验来进行调节。DaVinci Resolve 10 添加了强有力的专用工具来监管这一阶段。新的 ResolveLive 功能让使用者可以同时对即时键入的视频流开展一级调色、二级调色，加上 PowerWindows、自定曲线图等调色实际操作。调色设定可以被储存，当监控摄像头文档被载入后，可被再次连接。

5. Adobe Premiere Pro

Adobe PremierePro，简称 Pr，是由 Adobe 公司开发的一款视频处理软件。常用的版本有 CS4、CS5、CS6、CC 2014、CC 2015、CC 2017、CC 2018、CC 2019、CC 2020、CC 2021、CC 2022 及 CC 2023 版本。Adobe Premiere 有较好的兼容性，且可以与 Adobe 公司推出的其他软件相互协作。这款软件广泛应用于广告制作和电视节目制作。

6. Final Cut Pro

Final Cut Pro 是苹果公司于 1999 年推出的一款专业视频非线性编辑软件，第一代

Final Cut Pro 在 1999 年推出。最新版本 Final Cut Pro 包含进行后期制作所需的一切功能。导入并组织媒体、编辑、添加效果、改善音效、颜色分级以及交付——所有操作都可以在该应用程序中完成。

7. Avid Media Composer

Avid Media Composer 提供一系列专为后期制作专业人员而设计的不同配置的产品，可以为他们提供更高的创造性能，充分满足他们的项目制作需求。

8. Sony Vegas

Sony Vegas 是一个专业影像编辑软件，被制作成为 Vegas Movie Studio™，是专业版的简化而高效的版本，将成为 PC 上最佳的入门级视频处理软件。

Sony Vegas 具备强大的后期处理功能，可以随心所欲地对视频素材进行剪辑合成、添加特效、调整颜色、编辑字幕等操作，还包括强大的音频处理工具，可以为视频素材添加音效、录制声音、处理噪声，以及生成杜比 5.1 环绕立体声。此外，Sony Vegas 还可以将编辑好的视频迅速输出为各种格式的影片，直接发布于网络、刻录成光盘或回录到磁带中。

📝 任务实施

根据所学知识填写实施过程记录表。

实施过程记录表

视频编辑软件	任务工单	班级：
		姓名：
1. 搜索常用的视频处理软件，简述你对其的认识。		
2. 你常用的视频处理软件是什么？其有何优点？		
总结与提升：		

任务评价

根据任务实施情况进行评价，填写任务评价表。

任务评价表

班级		组名		姓名	
出勤情况					
评价内容	评价要点	考查要点		分数	分数评定
查阅文献情况	任务实施过程中文献查阅	已经查阅信息资料		20 分	
		正确运用信息资料			
互动交流情况	组内交流，教学互动	积极参与交流		30 分	
		主动接受教师指导			
任务完成情况	任务准备情况	了解常用的视频处理软件		10 分	
		能根据需要选择所需的软件		10 分	
	任务完成情况	能够正确使用所需的视频处理软件		30 分	
合计				100 分	

练习与提升

1. 请尝试利用视频处理软件进行视频的处理，并说明处理的步骤。
2. 简述你对视频处理软件的认识。

任务 9.2　使用剪映处理航拍视频

剪映 App 是目前比较流行的一款视频处理小软件，能让用户轻松地制作出优秀的视频作品。剪映 App 直接将强大的编辑器呈现在用户面前，导入、剪辑、变速以及倒放是视频素材的基本处理技巧，熟练掌握这些视频的剪辑方法，可以随心制作出理想的视频效果。

田 知识准备

9.2.1　对视频进行剪辑处理

（1）在应用商店中下载剪映 App，并安装至手机中，打开剪映 App 界面，点击上方的"开始创作"按钮，如图 9-2-1 所示。

（2）进入手机相册，选择需要导入的视频文件，点击"添加"按钮，即可将视频导入视频轨道中，如图 9-2-2 所示。

（3）选择导入的视频文件，将时间线移至 3 秒的位置，点击"分割"按钮，即可将视频分割为两段，如图 9-2-3 所示。

（4）选择分割后的前段视频，点击下方的"删除"按钮，即可删除不需要的视频文件，如图 9-2-4 所示。

（5）点击"播放"按钮，预览剪辑后的短视频画面效果，如图 9-2-5 所示。

图 9-2-1　打开剪映 App 界面　　　　　图 9-2-2　将视频导入视频轨道

图 9-2-3 将视频分割为两段

图 9-2-4 删除不需要的视频文件

图 9-2-5 处理后效果

9.2.2 对视频进行变速处理

(1)打开剪映 App 界面,导入一段视频素材。

(2)选择视频素材,在下方点击"变速"按钮,如图 9-2-6 所示。

(3)弹出相应功能按钮,点击"常规变速"按钮,如图 9-2-7 所示。

图 9-2-6　点击"变速"按钮

　　(4)弹出变速控制条，默认情况下是 1×，向右滑动红色圆圈滑块，设置参数为 4.0×，此时轨道中的素材区间变短了，从原来的 13 秒变成了 4 秒的视频时长，表示视频将以快速度进行播放，如图 9-2-8 所示。

图 9-2-7　点击"常规变速"按钮

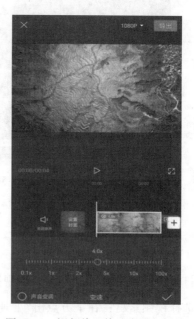

图 9-2-8　视频将以快速度进行播放

（5）点击"播放"按钮，预览变速后的视频效果。

9.2.3 对视频进行倒放处理

（1）导入一段视频，点击"倒放"按钮，如图 9-2-9 所示。

（2）执行操作后，界面中提示正在进行倒放处理。

（3）稍等片刻，即可对视频进行倒放操作，此时预览窗口中的第 1 秒视频画面已经变成了之前的最后一秒，如图 9-2-10 所示。

（4）点击"播放"按钮，预览进行倒放处理后的视频效果。

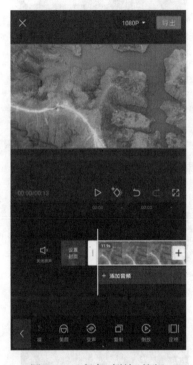

图 9-2-9 点击"倒放"按钮

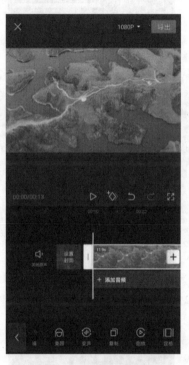

图 9-2-10 预览窗口视频

9.2.4 调整视频色彩与色调

（1）导入一段视频素材，点击"调节"按钮，进入"调节"界面，设置"亮度"为 14，如图 9-2-11 所示。

（2）设置"对比度"为 15，视频将更有层次，如图 9-2-12 所示。

图 9-2-11 "调节"界面(设置"亮度") 图 9-2-12 设置"对比度"

(3)设置"饱和度"为35,增强视频的色彩,如图9-2-13所示。

(4)设置"色温"为−23,视频呈现冷色调效果,如图9-2-14所示。

图 9-2-13 设置"饱和度" 图 9-2-14 设置"色温"

（5）向右拖曳调节轨道右侧的控制柄，调整其持续时间与视频轨道一致，点击"播放"按钮，预览视频效果。

9.2.5　为视频添加酷炫特效

（1）导入一段视频素材，点击底部的"特效"按钮，如图 9-2-15 所示。

（2）进入特效编辑界面，在"基础"特效列表框中选择"开幕"效果，此时在上方预览窗口中可以查看视频的"开幕"效果，如图 9-2-16 所示。

（3）在"梦幻"特效列表框中选择"梦幻雪花"效果，如图 9-2-17 所示，即可添加"梦幻雪花"特效。向右拖曳特效轨道右侧的控制柄，调整其持续时间与视频轨道一致。

图 9-2-15　点击"特效"按钮　　图 9-2-16　选择"开幕"效果　　图 9-2-17　选择"梦幻雪花"效果

（4）点击右上角的"导出"按钮，即可导出视频预览特效，如图 9-2-18 所示。

9.2.6　制作视频的字幕效果

（1）导入一个视频素材，点击"文字"按钮，如图 9-2-19 所示。

（2）进入文字编辑界面，点击"新建文本"按钮，如图 9-2-20 所示。

图 9-2-18　添加特效效果

图 9-2-19　点击"文字"按钮

图 9-2-20　点击"新建文本"按钮

（3）在文本框中输入符合短视频主题的文字内容，如图 9-2-21 所示。

（4）切换至"花字"选项卡，选择相应的花字样式，如图 9-2-22 所示。

图 9-2-21　输入文字

图 9-2-22　选择相应的花字样式

(5)切换至"动画"选项卡，在"入场动画"选项卡中选择"螺旋上升"动画效果，并调整动画的持续时间，如图 9-2-23 所示。

(6)点击"导出"按钮，导出视频并预览视频效果，如图 9-2-24 所示。

图 9-2-23　动画设置

图 9-2-24　预览效果

9.2.7　添加抖音热门背景音乐

（1）导入一个视频素材，点击"添加音频"按钮，如图 9-2-25 所示。

（2）进入音频编辑界面，点击"音乐"按钮，如图 9-2-26 所示。

图 9-2-25　点击"添加音频"按钮

图 9-2-26　点击"音乐"按钮

（3）进入"添加音乐"界面，点击"抖音"图标，进入"抖音"界面，点击一首歌名，即可进行播放，点击右侧的"使用"按钮，如图 9-2-27 所示。

（4）执行操作后，即可添加抖音中比较热门的背景音乐。

（5）拖曳时间轴，将其移至视频的结尾处，如图 9-2-28 所示。

（6）选择音频轨道，点击"分割"按钮，即可分割音频，如图 9-2-29 所示。

（7）选择第 2 段音频，点击"删除"按钮，删除多余音频。

（8）点击"播放"按钮，试听背景音乐效果。

 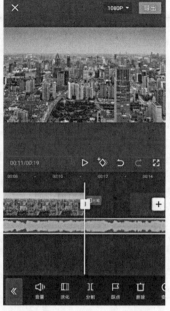 

　图 9-2-27　"抖音"界面　　　　图 9-2-28　拖曳时间轴　　　　图 9-2-29　分割音频

📝 任务实施

根据所学知识填写实施过程记录表。

实施过程记录表

视频处理	任务工单	班级：
		姓名：
1. 下载并安装剪映，自行搜索视频并进行剪辑处理。		
2. 自行选择视频并使用剪映对其进行变速处理。		
3. 自行选择视频并使用剪映为其添加音效。		

续表

总结与提升：

📋 任务评价

根据任务实施情况进行评价，填写任务评价表。

任务评价表

班级		组名		姓名	
出勤情况					
评价内容	评价要点	考查要点		分数	分数评定
查阅文献情况	任务实施过程中文献查阅	已经查阅信息资料		20分	
		正确运用信息资料			
互动交流情况	组内交流，教学互动	积极参与交流		30分	
		主动接受教师指导			
任务完成情况	任务准备情况	了解剪映的基本功能		10分	
		能下载并安装剪映		10分	
	任务完成情况	能够根据需要使用剪映对视频进行处理		30分	
合计				100分	

✍️ 练习与提升

1. 剪映有哪些功能？

2. 简述使用剪映为视频调整色彩与色调的步骤。

3. 简述使用剪映为视频添加酷炫特效的步骤。

任务 9.3　使用 Premiere 剪辑视频

Premiere Pro CC 是一款具有强大编辑功能的视频处理软件，其简单的操作步骤、简明的操作界面、多样化的效果受到广大用户的青睐。下面我们就来学习相关知识与操作技巧。

🗒 知识准备

9.3.1　剪辑多个视频片段

（1）启动 Premiere Pro CC 软件，新建一个项目文件，在菜单栏中点击"文件"→"新建"→"序列"命令，弹出"新建序列"对话框，进入"设置"选项卡，在其中设置相关选项，如图 9-3-1 所示；点击"确定"按钮，即可新建一个空白的序列文件。

图 9-3-1　"新建序列"对话框

（2）序列文件显示在"项目"面板中，在"项目"面板中的空白位置处点击鼠标右键，在弹出的快捷菜单中选择"导入"选项，如图 9-3-2 所示。

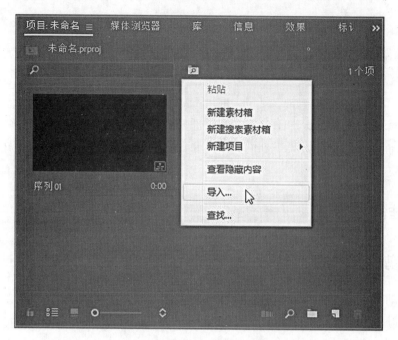

图 9-3-2　选择"导入"选项

（3）弹出"导入"对话框，在该对话框中选择视频文件；点击"打开"按钮，如图 9-3-3 所示，即可将视频文件导入"项目"面板中，显示视频缩略图。

图 9-3-3　"导入"对话框

　　(4)在"项目"面板中选择"素材 1"视频文件，将其拖曳至 V1 视频轨中，即可添加视频文件，在工具面板中选取剃刀工具，将鼠标移至视频素材中需要剪辑的位置，点击鼠标左键，即可将视频素材剪辑成两段，如图 9-3-4 所示。

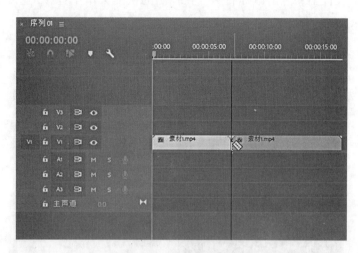

图 9-3-4　将视频素材剪辑成两段

　　(5)选择需要删除的前一段视频片段，按【Delete】键，删除视频片段，留下剪辑后的视频素材，如图 9-3-5 所示。

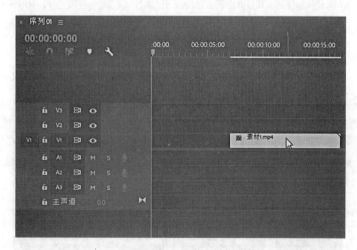

图 9-3-5　删除视频片段

　　(6)将视频素材移至轨道的开始位置，点击"播放"按钮，预览剪辑完成后的视频画面效果。

9.3.2 调整视频的播放速度

(1) 在 V1 视频轨中，选择需要调节播放速度的视频文件。

(2) 在视频文件上，点击鼠标右键，在弹出的快捷菜单中选择"速度/持续时间"选项，如图 9-3-6 所示。

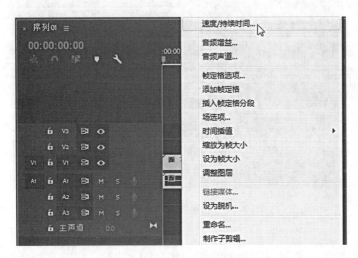

图 9-3-6　选择"速度/持续时间"选项

(3) 弹出"剪辑速度/持续时间"对话框，在其中设置"速度"为 400%；点击"确定"按钮，如图 9-3-7 所示。

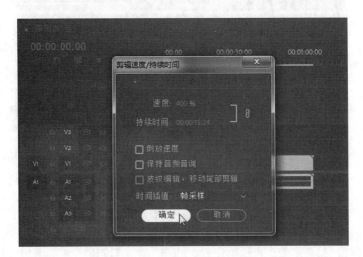

图 9-3-7　"剪辑速度/持续时间"对话框

（4）操作后，即可调整视频的播放速度。

（5）在"节目"面板中点击"播放"按钮，预览调整后的视频效果。

9.3.3　调节视频的色彩色调

（1）在 V1 视频轨中，选择需要调整颜色的视频素材，点击界面上方的"颜色"标签，进入"颜色"界面，如图 9-3-8 所示。

（2）在界面右侧设置各项参数，调整视频画面的色彩色调，如图 9-3-9 所示。

图 9-3-8　"颜色"界面

图 9-3-9　调整视频画面的色彩色调

（3）设置完成后，点击"播放"按钮，预览视频效果。

9.3.4　制作视频的运动效果

（1）在 V1 视频轨中，选择需要制作运动效果的视频文件，点击"播放"按钮，预览视频画面效果，这是一段固定机位的延时视频，如图 9-3-10 所示。

（2）在"效果控件"面板中，依次点击"位置"和"缩放"选项前的"切换动画"按钮，添加第一组关键帧，如图 9-3-11 所示。

图 9-3-10　选择需要制作运动效果的视频文件

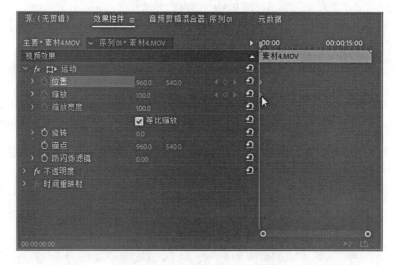

图 9-3-11　添加第一组关键帧

（3）将时间线移至 00：00：19：20 的位置处，修改"缩放"和"位置"参数，此时系统自动在时间线位置添加第二组关键帧，如图 9-3-12 所示。

（4）点击"播放"按钮，预览制作的视频运动效果。

图 9-3-12　修改"缩放"和"位置"参数

9.3.5　为视频添加水印效果

（1）在"项目"面板中导入水印素材，如图 9-3-13 所示。

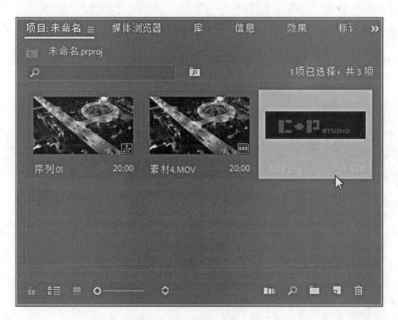

图 9-3-13　导入水印素材

（2）将水印素材拖曳至时间轴面板的 V2 轨道中，将鼠标移至水印素材的结尾处，此时鼠标指针呈相应形状，点击鼠标左键并向右拖曳，即可调整水印素材的区间长度，使其与 V1 轨道中的视频长度对齐，如图 9-3-14 所示。

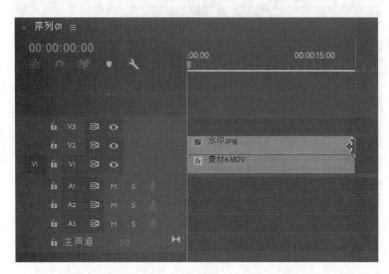

图 9-3-14　将水印素材拖曳至时间轴面板的 V2 轨道中

（3）在节目监视器中可以查看水印的效果，水印在画面的正中央位置，如图 9-3-15 所示。

图 9-3-15　水印在画面的正中央位置

（4）在节目监视器中选择水印素材，并拖曳水印素材至画面中的合适位置，如图 9-3-16 所示。

图 9-3-16　调整水印位置

（5）点击"播放"按钮，预览添加水印后的视频画面效果。

9.3.6　为视频添加标题字幕

（1）在工具面板中选取文字工具，在"节目"面板中点击鼠标左键定位光标位置，然后输入文字"风起云涌"，如图 9-3-17 所示。

图 9-3-17　输入文字"风起云涌"

（2）通过拖曳的方式改变输入文字内容的位置，在"效果控件"面板中设置文本的字体、填充、描边以及阴影效果，如图9-3-18所示。

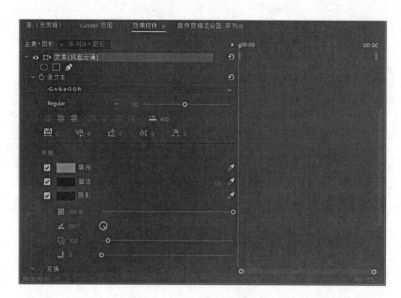

图 9-3-18　"效果控件"面板

（3）执行操作后，即可更改字体属性，在"节目"面板中可以查看制作好的标题字幕效果。

9.3.7　为视频添加背景音乐

（1）在"项目"面板中导入一段背景音乐素材。

（2）将导入的音频素材拖曳至"序列"面板的A1轨道中。

（3）使用剃刀工具将音频素材剪辑成两段，沿着视频素材的结尾处开始剪辑、分割。

（4）选择后段音频素材，按【Delete】键进行删除操作，即可完成音频的添加与剪辑操作。

（5）全部处理完成后，按【Ctrl+M】组合键，弹出"导出设置"对话框，在其中设置视频的输出选项，点击"导出"按钮，对视频进行渲染输出操作，待视频导出完成后，即可在相应文件夹中找到并预览制作的视频效果。

📝 任务实施

根据所学知识填写实施过程记录表。

实施过程记录表

视频处理	任务工单	班级：
		姓名：
1. 下载并安装 Premiere，自行搜索视频并进行剪辑处理。		
2. 自行选择视频并使用 Premiere 对其进行变速处理。		
3. 自行选择视频并使用 Premiere 为其添加运动效果。		
总结与提升：		

任务评价

根据任务实施情况进行评价，填写任务评价表。

任务评价表

班级		组名		姓名	
出勤情况					
评价内容	评价要点	考查要点		分数	分数评定
查阅文献情况	任务实施过程中文献查阅	已经查阅信息资料		20 分	
		正确运用信息资料			
互动交流情况	组内交流，教学互动	积极参与交流		30 分	
		主动接受教师指导			
任务完成情况	任务准备情况	了解 Premiere 的基本功能		10 分	
		能下载并安装 Premiere		10 分	
	任务完成情况	能够根据需要使用 Premiere 对视频进行处理		30 分	
合计				100 分	

📝 **练习与提升**

1. Premiere 有哪些功能？

2. 简述使用 Premiere 为视频调整色彩与色调的步骤。

3. 简述使用 Premiere 为视频添加水印的步骤。

任务 9.4　在 Photoshop 中剪辑视频

Photoshop 软件是可以剪辑视频的。CS6 和 CC 版本的 Photoshop 都可以实现视频的剪辑，而且效果不错，只不过比 Premiere Pro 的处理速度稍慢一些。下面我们就来学习相关知识与操作技巧。

📋 **知识准备**

打开 Photoshop，在菜单栏里点击"文件"→"打开"，在弹出的对话框中选择打开一个视频文件，如图 9-4-1 所示。如果界面中没有显示时间轴，可在菜单栏的"窗口"选中打开"时间轴"。

图 9-4-1　打开一个视频文件

　　将光标放于视频片段的开头，按住鼠标左键向右拖动。我们会发现在时间轴上方出现一个小的预览框，方便我们查看光标所在位置的画面。松开左键，则在此处完成开头入点的设置，如图 9-4-2 所示。

图 9-4-2　完成开头入点的设置

　　设置结束的出点则是自右向左拖动。同样也会出现预览框，松开左键完成出点的设置，如图 9-4-3 所示。

图 9-4-3　设置结束的出点

如图 9-4-4 所示，点击时间轴左边的电影胶片样子的按键，并选择"添加媒体"，就可以在时间轴上添加其他视频了。

图 9-4-4　选择"添加媒体"

📝 任务实施

根据所学知识填写实施过程记录表。

实施过程记录表

视频处理	任务工单	班级：
		姓名：
1. 下载并安装 Photoshop，自行搜索视频并进行剪辑处理。		
2. 自行选择视频并使用 Photoshop 对其进行处理。		
总结与提升：		

任务评价

根据任务实施情况进行评价，填写任务评价表。

任务评价表

班级		组名		姓名	
出勤情况					
评价内容	评价要点	考查要点		分数	分数评定
查阅文献情况	任务实施过程中文献查阅	已经查阅信息资料		20分	
		正确运用信息资料			
互动交流情况	组内交流，教学互动	积极参与交流		30分	
		主动接受教师指导			
任务完成情况	任务准备情况	了解 Photoshop 的基本功能		10分	
		能下载并安装 Photoshop		10分	
	任务完成情况	能够根据需要使用 Photoshop 对视频进行处理		30分	
合计				100分	

练习与提升

1. Photoshop 有哪些功能？
2. 简述使用 Photoshop 为视频调整色彩与色调的步骤。

任务9.5 从视频中截取图片

我们可以从航拍视频中截取画面，将其作为图片使用。照片最好用相机在拍照模式下拍摄，因为这样可以使用 RAW 格式以记录更多的画面细节。拍摄视频的快门速度要稍微放慢，以产生让动作流畅的运动模糊，但这样会让截取的照片产生动态模糊。不过，总会有这样的情况出现，即无人机在摄像模式时录到精彩的画面，但这一瞬间再也无法重现，无法让我们使用拍照模式捕捉下来。这时，就只能对视频进行截取。

📑 知识准备

9.5.1 使用 Premiere Pro 截取图像

使用 Premiere Pro 软件截取静态图片的操作十分简单。在剪辑视频过程中，我们可以随时截取自己认为精彩的画面。使用键盘上的向右键和向左键，可以向前和向后逐帧查看每一帧画面。

找到想截取的那一帧后，点击监视器下方的"导出单帧"按钮，或按【Ctrl+Shift+E】键，如图 9-5-1 所示。

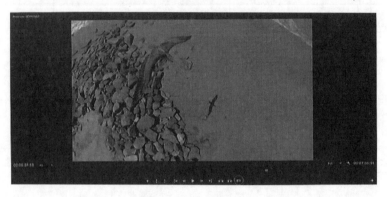

图 9-5-1 点击监视器下方的"导出单帧"按钮

在"导出帧"对话框中，将导出格式改为 TIFF，这是一种无损的图像格式，可以最大程度地保留图像的细节信息，如图 9-5-2 所示。

图 9-5-2 "导出帧"对话框

选择"导入到项目中"，将截取的画面放入"项目"面板，便于以后查找。

9.5.2　使用 Lightroom 截取图像

Lightroom 软件也是从视频中截取图像的利器。从软件的图库中导入视频文件，视频界面的下方会出现播放条，如图 9-5-3 所示。

图 9-5-3　视频界面的下方出现播放条

(1)点击播放条上齿轮状的按钮，打开选项。

(2)拖动滑条，粗略浏览视频。

(3)点击播放条上的箭头，逐帧浏览视频，如图 9-5-4 所示。

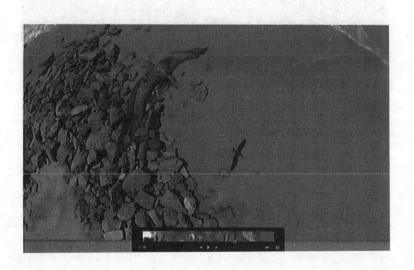

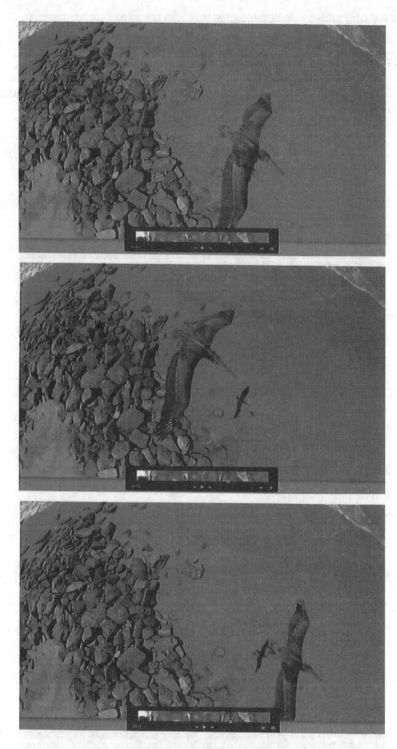

图 9-5-4　逐帧浏览视频

　　找到想截取的那一帧后，点击盒子形状的按钮，如图 9-5-5 所示，选择"捕获帧"，实现该帧图像的获取。

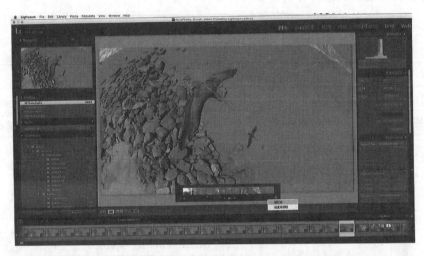

图 9-5-5 点击盒子形状的按钮

✍ 任务实施

　　根据所学知识填写实施过程记录表。

实施过程记录表

截取图片	任务工单	班级：
		姓名：
1. 下载并安装 Premiere Pro。		
2. 自行选择视频并使用 Premiere Pro 截取其中的图片。		
总结与提升：		

▣ 任务评价

根据任务实施情况进行评价，填写任务评价表。

任务评价表

班级		组名		姓名	
出勤情况					
评价内容	评价要点	考查要点		分数	分数评定
查阅文献情况	任务实施过程中文献查阅	已经查阅信息资料		20分	
		正确运用信息资料			
互动交流情况	组内交流，教学互动	积极参与交流		30分	
		主动接受教师指导			
任务完成情况	任务准备情况	了解 Premiere Pro 的基本功能		10分	
		能下载并安装 Premiere Pro		10分	
	任务完成情况	能够根据需要使用 Premiere Pro 截取视频中的图片		30分	
合计				100分	

✍ 练习与提升

1. Premiere Pro 有哪些功能？

2. 简述使用 Premiere Pro 截取图片的注意事项。

▣ 项目小结

本项目介绍了视频后期处理的知识，包括视频常用编辑软件、剪映处理视频的方法、Premiere 处理视频的方法、Photoshop 剪辑视频的方法，以及从视频中截取图片的方法。通过本项目的学习，同学们要掌握视频的后期处理方法。

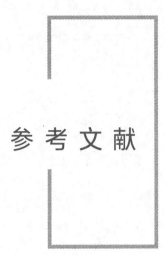

参 考 文 献

[1]鹿秀凤，冯建雨. 无人机组装与调试[M]. 北京：机械工业出版社，2019.

[2][美]柯林·史密斯. 无人机航空摄影与后期指南[M]. 林小木，译. 北京：北京科
学技术出版社，2017.

[3]Captain，王肖一. 无人机摄影与摄像：人像、汽车、夜景、全景、直播、电影航拍
全攻略[M]. 北京：化学工业出版社，2021.

[4]牟健为. 无人机航空摄影教程[M]. 北京：中国摄影出版社，2017.

[5]王肖一. 无人机摄影与摄像技巧大全[M]. 北京：化学工业出版社，2019.

[6]俞树声，郁聪聪. 无人机航拍美学：无人机视频拍摄、剪辑与调色[M]. 北京：人
民邮电出版社，2023.